Y 职业教育药学类专业系列教材

供食品药品与粮食类等专业用

有机化学

◎ 主编　仲继燕　肖香珍

重庆大学出版社

内容提要

本书在对传统教学内容进行遴选的基础上，按照项目任务式对全书内容进行分类和编排，简明扼要地介绍有机化学课程基本概念和基础知识，重点讨论典型有机化合物的官能团、结构特征、性质和应用，以实现对后续专业类课程知识、技能的支撑。在实践技能方面，本书注重实用性与前沿性的有机结合，在培养学生实践操作能力的同时，有利于学生综合素质的形成和科学方法与创新能力的培养。

本书内容分为有机化学理论基础知识和有机化学实验两大模块，其中模块 1 分解为 16 个项目、45 个任务；模块 2 分解为 4 个项目、14 个任务。另外，本书还配套有知识链接、思考与讨论、习题、教学 PPT、习题参考答案等新形态融媒体教学资料。

本书可作为职业院校药学类、食品类、化工类、环境类等专业的教材，也可供相关从业者学习和参考。

图书在版编目(CIP)数据

有机化学/仲继燕，肖香珍主编. ——重庆：重庆大学出版社，2022.1

职业教育药学类专业系列教材

ISBN 978-7-5689-3153-3

Ⅰ.①有… Ⅱ.①仲… ②肖… Ⅲ.①有机化学—高等职业教育—教材 Ⅳ.①O62

中国版本图书馆 CIP 数据核字(2022)第 021440 号

有机化学

YOUJI HUAXUE

主 编 仲继燕 肖香珍

策划编辑：袁文华

责任编辑：张红梅 版式设计：袁文华

责任校对：王 倩 责任印制：赵 晟

*

重庆大学出版社出版发行

出版人：饶帮华

社址：重庆市沙坪坝区大学城西路 21 号

邮编：401331

电话：(023) 88617190 88617185(中小学)

传真：(023) 88617186 88617166

网址：http://www.cqup.com.cn

邮箱：fxk@cqup.com.cn (营销中心)

全国新华书店经销

重庆升光电力印务有限公司印刷

*

开本：787mm×1092mm 1/16 印张：10.75 字数：277 千

2022 年 1 月第 1 版 2022 年 1 月第 1 次印刷

印数：1—2 000

ISBN 978-7-5689-3153-3 定价：32.00 元

编委会

BIANWEIHUI

主　编　仲继燕　肖香珍

副主编　仇　伟　明智强　陈倩云

编　者　（排名不分先后）

丁世环（重庆能源职业学院）

仇　伟（山东省泰安英雄山中学）

王　博（重庆能源职业学院）

冯国鑫（重庆能院石工食品检测中心有限公司）

仲继燕（重庆能源职业学院）

牟东兰（重庆市巴南区水文水质监测管理站）

陈倩云（重庆轻工职业学院）

肖香珍（河南科技学院）

明智强（重庆米舟联发检测技术有限公司）

林　丽（重庆能源职业学院）

书刊检验
合格证
04

前言

有机化学是药学类、食品类、化工类、环境类等专业的重要基础课程，理论性和实践性较强。教材建设是职业教育落实“三教改革”的重要环节，为了更好地适应当前职业教育人才培养目标和有机化学教学改革的需要，编者根据多年的教学实践经验，编写本书。

本书内容依据职业教育人才培养目标、学生认知规律和教学特点，注重基础理论知识与实践技能相结合，体现基础学科和专业学科相衔接。在编写过程中注重突出以下几个方面：

1. 校企合作共建教材，突出行业企业特色

为了实现与专业课程的“零对接”，本书编写团队与药学类、食品类、化工类、环境类等专业授课教师和较有经验的企业人员深入探讨，搜集、整理一手资料，紧密结合企业工作实际，突出行业企业特色，实现基础课程的支撑作用。

2. 简化基础理论，侧重知识应用，突出职业教育特点

依据职业教育人才培养目标和学情分析、学生学力层次，简化基础理论，以“必需、够用”为度，以“掌握概念、突出应用”为教学重点。

3. 内容丰富，注重前后递进和衔接

本书内容安排上烷烃、烯烃、炔烃在前，醇、酚、醛、酮、醌在后，以官能团为纲，以结构、命名、性质及应用为主线，突出重点，化解难点。

本书的编写由仲继燕（项目 1、项目 5—8、项目 14—15），仇伟（项目 2—4），肖香珍（项目 9—11），明智强（项目 12），陈倩云（项目 13），丁世环（项目 16），冯国鑫（项目 17），林丽（项目 18），牟东兰、丁世环（项目 19），王博（项目 20）共同完成，全书由仲继燕统稿。

由于编者水平有限，书中难免存在疏漏和不妥之处，敬请广大读者批评指正。

编　者

2021 年 10 月

目 录 CONTENTS

模块1 有机化学理论基础知识

模块 2 有机化学实验

模块 1

有机化学理论基础知识

YOUJI HUAXUE LILUN JICHU ZHISHI

项目 1 认识有机化合物

目前，人们在自然界发现和人工合成的物质已超过 1 亿种，其中绝大多数都是有机化合物，而且新的有机化合物仍在源源不断地被发现或合成出来。有机化合物为什么如此繁多？它们的结构和性质具有哪些特点呢？

走进有机化学世界

任务 1.1 有机化合物的概念

绝大多数含碳的化合物（CO、CO_2、碳酸、碳酸盐及金属碳化物等除外）称为有机化合物。碳元素在地壳中的含量很低，但是含有碳元素的有机化合物却数量众多，分布很广。有机化合物不仅构成了生机勃勃的生命世界，也是燃料、材料、食品和药物的主要来源。人体所需的七大营养物质中，糖类、脂肪、蛋白质、维生素都为有机化合物。与人类衣食住行相关的天然有机化合物有石油、天然气、天然橡胶等。合成的有机化合物也广泛应用于生活中，如合成纤维、塑料、合成橡胶、合成药物等。

人们对有机化合物的认识是在生活和生产实践中逐渐发展起来的。早在 18 世纪末，人们就已能从动植物中分离得到许多有机化合物，如酒石酸、尿酸和乳酸等，这些化合物与从矿物中得到的化合物相比，有很大的差别，如大多数易燃烧、对热不稳定、受热易分解等。当时人们认为只有来自生物体、在神秘"生命力"作用下产生的化合物才有这些特性，同时为区别这两类不同来源的化合物，便把它们分别称为有机化合物和无机化合物。

有机化学是化学中极重要的一个分支学科，与人类生活有着极为密切的关系。"有机化学"这一名词于 1806 年首次由瑞典化学家贝采利乌斯提出，当时的有机化学是作为无机化学的对立物而命名的。"有机"一词来源于"有机体"，即有生命的物质。19 世纪 20 年代，德国化学家维勒首次用无机化合物氰酸铵合成了有机化合物尿素[$CO(NH_2)_2$]。维勒的实验结果打破了只能从有机体获得有机化合物的"生命力"学说的禁锢，开创了有机化合物的无机合成，破除了无机化合物和有机化合物之间的绝对界限。

$$\underset{\text{氰酸铵}}{NH_4CNO} \xrightarrow{\text{加热}} \underset{\text{尿素}}{NH_2CONH_2}$$

随后化学家又陆续合成了许多有机化合物，因此有机化合物不再是来自有机体的含义，但由于习惯的原因，"有机化合物"一词一直沿用至今。

思考与讨论

你知道生活中有哪些常见的有机化合物吗?

任务 1.2 有机化合物的成键特点

仅由氧元素和氢元素构成的化合物,至今只发现了两种:H_2O 和 H_2O_2;而仅由碳元素和氢元素构成的化合物却超过了几百万种,形成了极其庞大的含碳元素化合物"家族"。同为两种元素,但构成化合物的种类却相差如此巨大,其主要原因就是碳原子的成键特点和碳原子间的结合方式不同。我们知道,碳原子最外层有 4 个电子,不易失去或获得电子,但是碳原子自身结合能力强,可以以单键、双键、三键的形式相互结合,形成碳原子数目不同的碳链或碳环,碳原子还可以通过共价键与氢、氧、氮、硫、磷等多种非金属元素形成共价化合物。

我们熟悉的甲烷(CH_4)是最简单的有机化合物,其分子中的碳原子以最外层的 4 个电子分别与 4 个氢原子的电子形成 4 个 C—H 共价键。甲烷的电子式和结构式如图 1-1 所示。

图 1-1 甲烷的电子式和结构式

化学键

由于碳原子的成键特点,有机化合物中的每个碳原子不仅能与氢原子(或其他原子)形成 4 个共价键,而且碳原子之间也能以共价键的形式形成碳碳单键、碳碳双键或碳碳三键,如图 1-2 所示。

碳碳单键　碳碳双键　碳碳三键

图 1-2 碳原子之间形成的共价键

多个碳原子之间可以相互结合成长短不一的碳链,也可以结合成碳环,构成有机化合物链状或环状的碳骨架,即有机化合物碳骨架的基本类型,如图 1-3 所示。碳链可以带有支链,也可以和碳环相互结合,另外,碳原子也可以与其他原子形成杂环。有机化合物分子可能只含有一个或几个碳原子,也可能含有成千上万个碳原子。而含有相同碳原子数的有机化合物分子,也可能因为碳原子间成键方式或碳骨架的不同而具有多种结构。

直链　支链

链状结构　环状结构

图 1-3 有机化合物碳骨架的基本类型

思考与讨论

请结合图 1-4 中 4 个碳原子相互结合的几种方式，分析以碳为骨架的有机化合物种类繁多的原因。

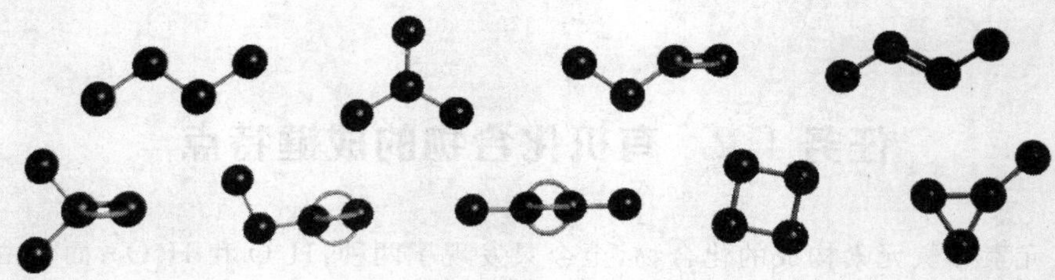

图 1-4　4 个碳原子相互结合的几种方式

任务 1.3　有机化合物的分类

有机化合物种类繁多，为了研究方便，习惯上根据有机化合物的结构进行分类。一般有两种分类方法：一是按构成有机化合物分子的碳骨架来分类；二是按反映有机化合物特性的特定原子团（官能团）来分类。

一、按碳骨架分类

按碳原子组成的分子骨架不同，有机化合物可分为链状化合物和环状化合物。其中，环状化合物根据连接的元素是否只有碳原子，又可分为碳环化合物（如环己烷、苯等）和杂环化合物（如呋喃、噻吩等）；碳环化合物根据其碳的连接方式不同，还可分为脂环族化合物（如环己烷、环戊烷等）和芳香族化合物（如苯、甲苯等）。

1. 链状化合物

这类化合物分子中碳原子相互连接成链状，故称链状化合物，又由于这类化合物最初在脂肪中发现，因此又称脂肪族化合物。例如：

$H_3C—CH_3$　$H_3C—OH$　　　　$H_2C=CH_2$　$H_3C—C\equiv CH$

饱和链　　　　　　不饱和链

2. 脂环化合物

由于这类化合物分子中有碳环，且与脂肪族化合物相似，所以称其为脂环化合物。例如：

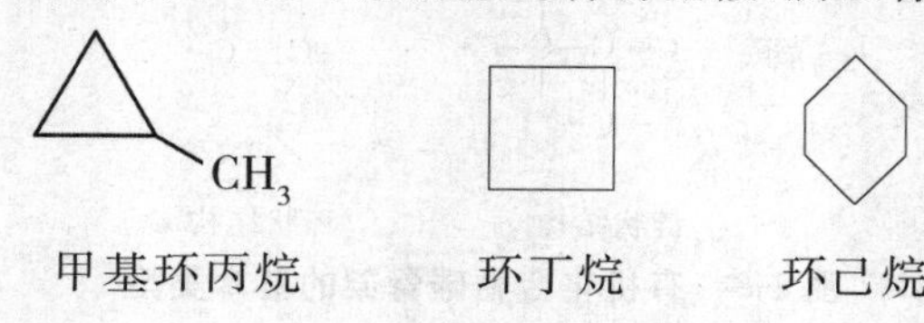

甲基环丙烷　　环丁烷　　环己烷

3. 芳香族化合物

这类化合物含有由 6 个碳原子组成的苯环，它们的性质与脂肪族化合物、脂环化合物不同，由于最初是从香树脂中发现的，所以称其为芳香族化合物。例如：

OH

苯　　萘　　苯酚

4. 杂环化合物

在这类环状化合物中，组成环的原子除了碳原子，还有其他元素的原子（如氮、氧、硫等）。含有氮、氧、硫等原子的环通常称为杂环。例如：

噻吩　　呋喃　　吡啶　　哌嗪

二、按官能团分类

有机化合物中的氢原子可以被其他原子或原子团取代，衍生出一系列新的化合物。如 CH_4 中的氢原子被氯原子取代得到 CH_3Cl（一氯甲烷）、$CHCl_3$（三氯甲烷，又称氯仿）等，CH_3Cl 还可以经过化学反应转变为其他有机化合物，如甲醇（CH_3OH）、乙酸（CH_3COOH）等。这些有机化合物从结构上看，都可以看作碳氢化合物的衍生物。这些衍生物中取代氢的原子或原子团往往决定了有机化合物的一些理化性质，如：甲烷在常温下为气体，几乎不溶于水；甲醇沸点较高，常温下为液体，能和水以任意比例混溶。

官能团是有机化合物分子内所含的能表现其某种特性的原子团，它决定了有机化合物的主要化学性质，因此含有相同官能团的化合物具有相似的化学性质。由于双键和三键决定了烯烃和炔烃的化学性质，因此也被看成是一种官能团。根据有机化合物中所含官能团进行分类，有利于学习和认识它们的共性。有机化合物的主要类别、官能团和代表物如表 1-1 所示。

表 1-1　有机化合物的主要类别、官能团和代表物

主要类别	官能团	典型有机化合物
烯烃	碳碳双键 $>C=C<$	乙烯 $CH_2=CH_2$
炔烃	碳碳三键 $—C\equiv C—$	乙炔 $CH\equiv CH$
芳香烃	大 π 键 （苯环）	甲苯 （$C_6H_5CH_3$，CH_3）
卤代烃	—X（X 表示卤素原子）	溴乙烷 CH_3CH_2Br

续表

主要类别	官能团	典型有机化合物
醇	羟基 —OH	乙醇 CH_3CH_2OH
酚	酚羟基 —OH	苯酚 C_6H_5-OH
醚	醚基 —O—	甲醚 CH_3OCH_3
醛	醛基 $-\overset{O}{\overset{\|}{C}}-H$	乙醛 CH_3CHO
酮	羰基 $-\overset{O}{\overset{\|}{C}}-$	丙酮 CH_3COCH_3
羧酸	羧基 $-\overset{O}{\overset{\|}{C}}-OH$	乙酸 CH_3COOH
酯	酯基 $-\overset{O}{\overset{\|}{C}}-O-$	乙酸乙酯 $CH_3COOCH_2CH_3$
胺	氨基 $-NH_2$	苯胺 $C_6H_5-NH_2$
酰胺	酰胺基 $-\underset{O}{\underset{\|}{C}}-NH_2$	苯酰胺 $C_6H_5-\overset{O}{\overset{\|}{C}}-NH_2$
磺酸	磺酸基 $-SO_3H$	苯磺酸 $C_6H_5-SO_3H$
硝基化合物	硝基 $-NO_2$	硝基苯 $C_6H_5-NO_2$

任务 1.4　有机化合物的性质

有机化合物构造式3种常用表示方法

有机化合物对促进人类的健康成长、丰富人类的物质生活、推动科学技术的进步和社会经济的发展都有着十分重要的作用。这些有机化合物性质各异，但大多数具有一些共同的特点。

1. **难溶于水,易溶于有机溶剂**

水是一种强极性物质,所以以离子键结合的无机化合物(如氯化钠、硫酸镁等)大多易溶于水,不溶于有机溶剂。而有机化合物一般都是共价键型化合物,极性较弱或无极性,所以大多数有机化合物在水中的溶解度都很小,易溶于弱极性或非极性的有机溶剂(如乙醚、苯、丙酮等),这就是"相似相溶"的经验规律。正因为如此,有机化合物之间的反应常在有机溶剂中进行。但也有一些有机化合物易溶于水,如甲醛、乙醇、乙酸、甘油、蔗糖等。

2. **易燃烧**

有机化合物一般都易燃烧。人类常用的燃料大多是有机化合物,如气体燃料天然气(主要成分是甲烷)等,液体燃料酒精、汽油等。无机化合物一般是不易燃烧的,这一性质常用于区别有机化合物和无机化合物。

3. **熔点、沸点低**

在室温下,绝大多数无机化合物都是高熔点的固体,而有机化合物通常为气体、液体或低熔点的固体,大多数有机化合物的熔点在 400 ℃以下。例如,相对分子质量相近的氯化钠和丙酮,二者的熔点、沸点相差很大,氯化钠的熔点为 801 ℃,而丙酮的熔点为 −94.9 ℃;氯化钠的沸点为 1 413 ℃,而丙酮的沸点为 56.53 ℃。熔点和沸点是有机化合物的重要物理常数,一般来说,纯有机化合物都有固定的熔点和沸点,因此,人们常通过测定熔点和沸点来鉴定有机化合物。

4. **副反应多,产物复杂**

有机化合物的反应速率一般都比较慢,例如,酯化反应常需要几个小时才可以完成,而化石燃料煤、石油则需要在地层下经历漫长的变化才可以形成。同时,有机化合物的反应常伴有副反应,产物复杂,除了生成主要产物外,还常常生成副产物,须经分离和提纯才能得到纯的有机化合物。

5. **同分异构现象较普遍**

分子的组成、分子中原子相互结合的方式,以及原子间相互的立体位置、化学键的结合状态等因素,均会影响有机化合物的结构。同分异构现象是指分子组成相同但结构不同,从而性质各异的现象。这种具有相同的分子式而性质各异的有机化合物,互称为同分异构体,例如,乙醇和甲醚,分子式都是 C_2H_6O,但它们的性质却相差很大。

$H_3C—O—CH_3$	$H_3C—CH_2—OH$
甲醚	乙醇

在有机化合物中,同分异构现象是普遍存在的,这也是有机化合物种类繁多、数目庞大的一个重要原因。

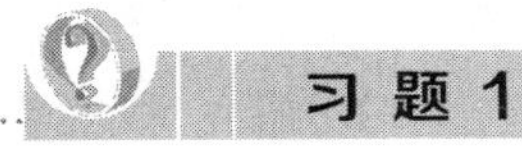

习题 1

一、选择题

1. 根据当代化学的观点,有机化合物应该是(　　)。

A. 来自动植物的化合物　　　　B. 来自自然界的化合物

C. 人工合成的化合物　　　　　　　　　　D. 大多数含碳化合物

2. 1828 年，维勒合成尿素使用的原料是(　　)。

A. 碳酸铵　　　　B. 醋酸铵　　　　C. 氰酸铵　　　　D. 草酸铵

3. 有机化合物的结构特点之一就是多数有机化合物都以(　　)结合。

A. 配价键　　　　B. 共价键　　　　C. 离子键　　　　D. 氢键

4. 下类化合物属于醇类物质的是(　　)。

A. $C_2H_5OC_2H_5$　　　　B. CCl_4　　　　C. C_6H_6　　　　D. CH_3CH_2OH

5. 通常情况下，有机化合物分子中发生化学反应的主要结构部位是(　　)。

A. 键　　　　B. 氢键　　　　C. 所有碳原子　　　　D. 官能团

6. 下列化合物中，(　　)是有机化合物。

A. CO_2　　　　B. $CaCO_3$　　　　C. NH_2CONH_2(尿素)　　D. $NaHCO_3$

7. 北京奥运会期间对大量盆栽鲜花施用了 S-诱抗素制剂，以保持鲜花盛开。S-诱抗素的分子结构如下所示，下列关于该分子说法正确的是(　　)。

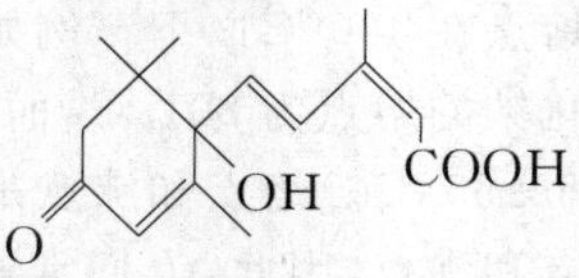

OH　COOH　O

A. 含有碳碳双键、羟基、羰基、羧基

B. 含有苯环、羟基、羰基、羧基

C. 含有羟基、羰基、羧基、酯基

D. 含有碳碳双键、苯环、羟基、羰基

8. 具有解热镇痛及抗炎作用的药物“芬必得”，其主要成分的结构简式为 $CH_3-\underset{\displaystyle CH_3}{\underset{|}{CH}}-CH_2-C_6H_4-\underset{\displaystyle COOH}{\underset{|}{CH}}-CH_3$，它属于(　　)。

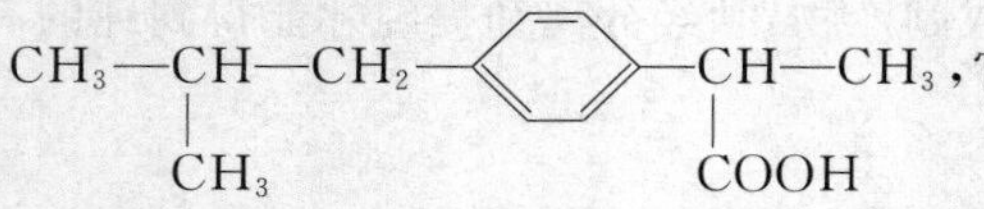

①芳香族化合物　②脂肪族化合物　③有机羧酸　④有机高分子化合物　⑤芳香烃

A. ③⑤　　　　B. ②③　　　　C. ①③　　　　D. ①④

9. 酚酞是常用的酸碱指示剂，其结构简式如下所示，从结构上看，酚酞除具有酚的性质以外，还具有(　　)的性质。

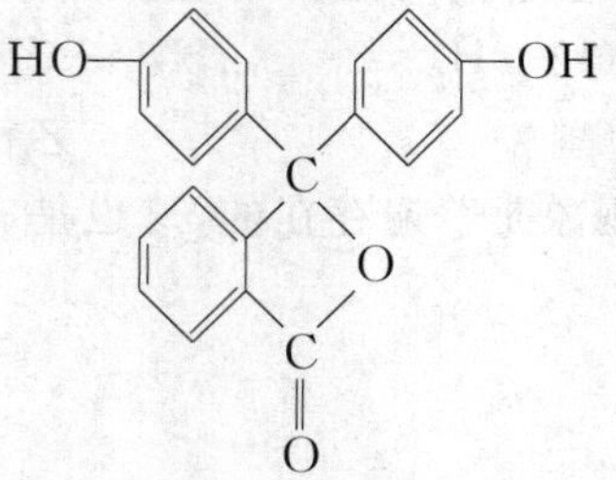

HO　OH　C　O　C　O

A. 酮　　　　B. 羧酸　　　　C. 醇　　　　D. 酯

10. 某药物的分子结构如下所示，下列说法正确的是(　　)。

A. 化学式为 $C_{12}H_{12}O_6$　　　　B. 含有 3 种官能团

C. 不属于芳香化合物　　　　D. 可属于羧酸类

11. 按碳骨架分类，下列说法正确的是(　　)。

A. $CH_3—CH_2—\underset{\displaystyle OH}{\underset{|}{CH}}—CH_3$ 属于链状化合物　　B. $—CH_3$ 属于芳香族化合物

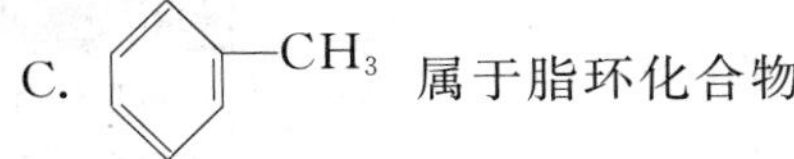

C. $—CH_3$ 属于脂环化合物

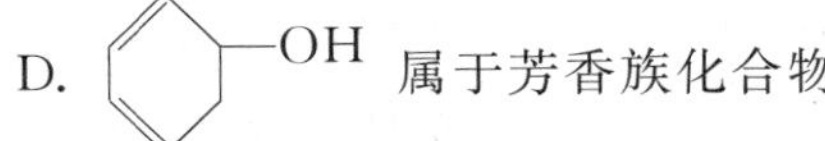

D. $—OH$ 属于芳香族化合物

二、填空

在有机化合物中，碳原子既可以与其他元素的原子形成共价键，也可以相互成键。两个碳原子之间可以形成的共价键类型有__________、__________和__________；多个碳原子可以相互结合，形成的碳骨架类型有__________和__________。

三、简答题

1. 什么是有机化合物？简述有机化合物区别于无机化合物的一般性质。

2. 简述有机化合物种类繁多的原因，并举例说明。

3. 圈出下列化合物的官能团，并说出有机化合物名称。

(1) $CH_3CH_2CH_2Br$　　　　(2) CH_3CH_2COOH

(3) OH　　　　(4) OH

(5) $CH_3—CH_2—\overset{\displaystyle O}{\overset{\|}{C}}H$　　　　(6) $CH_3—CH_2—Cl$

(7) $CH_3—CH_2—O—\overset{\displaystyle O}{\overset{\|}{C}}—CH_2CH_3$　　　　(8) $CH_3—\overset{\displaystyle O}{\overset{\|}{C}}—CH_3$

项目2　烷　烃

仅由碳、氢两种元素组成的有机化合物称为碳氢化合物，简称烃。

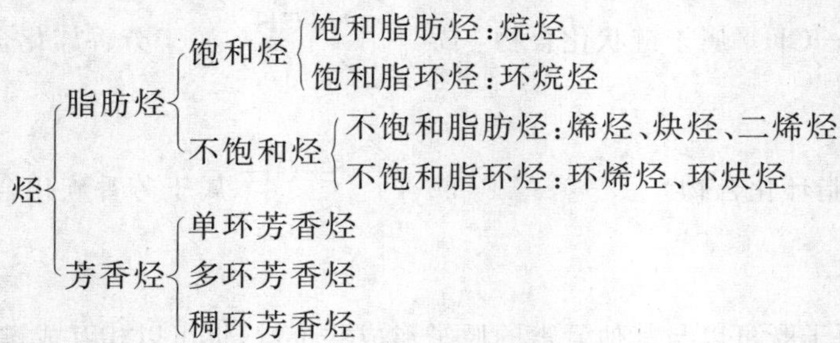

瓦斯是什么？
为何会爆炸？

任务2.1　烷烃的结构和同系列

在烃类分子中，碳原子之间都以单键结合，碳原子的剩余价键均与氢原子结合，使碳原子的化合价都达到“饱和”。这样的一类有机化合物称为饱和烃，也称为烷烃。

一、烷烃的结构

以甲烷为例，甲烷是最简单的烷烃，其球棍模型如图2-1所示。实验数据表明，甲烷分子中的5个原子不在同一平面上，而是形成了正四面体的空间结构，如图2-2所示，碳原子位于正四面体的中心，4个氢原子分别位于4个顶点。分子中4个C—H键的长度和强度相同，相互间的夹角相等。

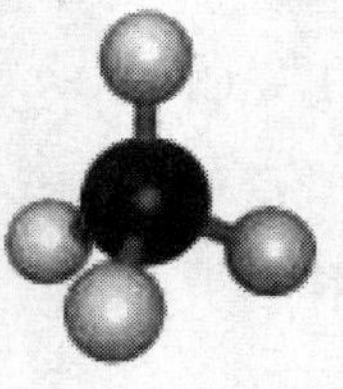

图2-1　甲烷的球棍模型

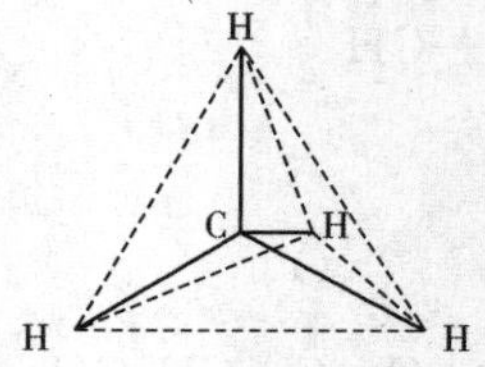

图2-2　甲烷的结构

其他烷烃的空间结构与甲烷分子相似，也是正四面体结构，键角为109.5°。C_3以上烷烃的碳原子排列不是直链形的，而是排布成锯齿形的，以保持正常的键角。由于单键可以自由旋转，因此烷烃分子可形成多种曲折形式。为了方便起见，一般在书写构造式时，仍写成直链形式，以辛烷（C_8H_{18}）为例。

锯齿形排布

$$
\begin{array}{ccccccccc}
 & H_2 & & H_2 & & H_2 & & & \\
 & C & & C & & C & & CH_3 & \\
/ & & \backslash\ / & & \backslash\ / & & \backslash\ / & & \\
H_3C & & C & & C & & C & & \\
 & & H_2 & & H_2 & & H_2 & &
\end{array}
$$

直链形排布 $CH_3—CH_2—CH_2—CH_2—CH_2—CH_2—CH_2—CH_3$

二、烷烃的通式及同系列

在烷烃分子中，碳原子数目和氢原子数目之间有一定的关系。

思考与讨论

与甲烷结构相似的有机化合物还有很多。随着分子中碳原子数的增加，还有乙烷、丙烷、丁烷等一系列有机化合物。请根据碳原子的成键规律和下表提供的信息，补充表格，并由此归纳这类有机化合物分子式的通式。

有机化合物	乙烷	丙烷	丁烷	戊烷
分子中碳原子数	2	3	4	5
结构式	$\begin{array}{cccc} & H & H & \\ & \mid & \mid & \\ H— & C— & C— & H \\ & \mid & \mid & \\ & H & H & \end{array}$	$\begin{array}{ccccc} & H & H & H & \\ & \mid & \mid & \mid & \\ H— & C— & C— & C— & H \\ & \mid & \mid & \mid & \\ & H & H & H & \end{array}$		
分子式	C_2H_6			

从甲烷开始，每增加 1 个碳原子，就相应地增加 2 个氢原子。相邻烷烃分子在组成上均相差 1 个 CH_2 原子团，如果链状烷烃中的碳原子数为 n，那么氢原子数就是 $2n+2$，其分子式就可以用通式 C_nH_{2n+2} 表示。像这些结构相似，在分子组成上相差 1 个或若干个 CH_2 原子团的化合物就称为同系物。

甲烷、乙烷和丙烷的结构各只有 1 种，丁烷却有 2 种不同的结构，一种是碳原子形成直链的正丁烷，另一种是带有支链的异丁烷，如图 2-3 所示。二者的组成虽然相同，但分子中碳原子的结合顺序不同，分子结构不同，因此性质就存在一定差异，是两种不同的化合物。随着碳原子数的增加，烷烃的同分异构体数目也就越多。例如，戊烷有 3 种同分异构体，己烷有 5 种同分异构体，而癸烷的同分异构体则有 75 种之多。

$$
CH_3—CH_2—CH_2—CH_3 \qquad \begin{array}{c} CH_3—CH—CH_3 \\ \mid \\ CH_3 \end{array}
$$

正丁烷　　异丁烷

图 2-3 丁烷的 2 种同分异构体

由于同系物的结构和化学性质相似，其物理性质也呈规律性变化，因此掌握同系列中几个典型化合物的结构和性质，就可以推测出同系列中其他化合物的结构和性质。

思考与讨论

你能写出戊烷的 3 种同分异构体吗？

任务 2.2 烷烃的命名

烃分子失去 1 个氢原子后剩下的基团称为烃基。烷烃失去 1 个氢原子后剩下的基团称为烷基，以—R 表示。例如，甲烷分子失去 1 个氢原子后剩下的基团“$—CH_3$”称为甲基，乙烷（CH_3CH_3）分子失去 1 个氢原子后剩下的基团“$—CH_2CH_3$”称为乙基。

烷烃的命名是有机化合物命名的基础，其他有机化合物的命名原则是在烷烃命名原则的基础上延伸出来的。

一、普通命名法

普通命名法又称习惯命名法，具体规则如下：

(1)根据分子中所含碳原子的数目命名为“某烷”。碳原子数在 10 以内的，以甲、乙、丙、丁、戊、己、庚、辛、壬、癸来表示。例如，CH_4 称为甲烷，C_5H_{12} 称为戊烷。碳原子数在 10 以上的则用数字十一、十二等来表示，例如，$C_{17}H_{36}$ 称为十七烷。

(2)烷基的名称根据相应的烷烃命名。常见烷基的名称如表 2-1 所示。

表 2-1 常见烷基的名称

烷　基	系统命名法	
	中文名	英文名
$—CH_3$	甲基	methyl
$—CH_2CH_3$	乙基	ethyl
$—CH_2CH_2CH_3$	丙基	propyl
$—CH(CH_3)_2$	1-甲乙基（异丙基）	1-methylethyl
$—CH_2(CH_2)_2CH_3$	丁基	butyl
$—CH(CH_3)CH_2CH_3$	1-甲丙基	1-methylpropyl
$—CH_2CH(CH_3)_2$	2-甲丙基	2-methylpropyl
$—C(CH_3)_3$	1,1-二甲乙基	1,1-dimethylethyl
$—CH_2C(CH_3)_3$	2,2-二甲丙基	2,2-dimethylpropyl

二、系统命名法

由于烷烃分子中碳原子数目越多,结构越复杂,同分异构体的数目也越多,习惯命名法在实际应用上有很大的局限性。因此,在有机化学中广泛采用系统命名法命名。下面以带支链的烷烃为例,介绍系统命名法的命名步骤。

(1)选定分子中最长的碳链为主链,当有多条最长碳链时,选取含有支链最多的最长碳链为主链,按主链中碳原子数目称作"某烷"。

```
          CH3                     CH3
主链 ←————|———————————————————————|————
  H3C—CH—CH—CH2—CH—CH3
            |
           CH2  ┌——————————————
            |   ↓
           CH3
```

(2)选主链中离支链最近的一端为起点,用1,2,3等阿拉伯数字依次给主链上的各个碳原子编号定位,以确定支链在主链中的位置。如果两边的第一个支链位置相同,则比较第二个支链,即遵守最低序列规则。

```
      CH3                 CH3
  1   | 2    3    4      |5    6
———————————————————————————————→
H3C—CH—CH—CH2—CH—CH3
          |
         CH2
          |
         CH3
```

(3)将支链的名称写在主链名称的前面,在支链的前面用阿拉伯数字注明它在主链上所处的位置,并在数字与名称之间用短横线"-"隔开;如果主链上有相同的支链,则将支链合并起来,用"二""三"等数字表示支链的个数;两个表示支链位置的阿拉伯数字之间需用","隔开。

(4)如果主链上有几个不同的支链,则把简单的写在前面,复杂的写在后面,中间用短横线"-"隔开。

因此上面的有机化合物命名为:2,5-二甲基-3-乙基己烷。

又如:

```
                              CH3
                               |
                   CH3—CH2—C—CH3
 10    9     8     7     6    5|  4     3     2    1
CH3—CH2—CH2—CH2—CH2—C—CH2—CH2—CH—CH3
                               |                 |
                   CH3—CH2—C—CH3            CH3
                               |
                              CH3
```

命名为:2-甲基-5,5-二(1,1-二甲基丙基)癸烷。

思考与讨论

你能用系统命名法为下面两种有机化合物命名吗?

$$\begin{array}{l}\qquad\qquad\qquad\qquad\quad C_2H_5 \qquad\quad CH_3 \\ \qquad\qquad\qquad\qquad\quad | \qquad\qquad\quad | \\ (1)\ H_3C—CH_2—CH_2—CH—CH_2—CH—CH_3\end{array}$$

$$\begin{array}{l}\qquad\quad CH_3 \\ \qquad\quad | \\ (2)\ CH_3CHCHCH_2CH_2CHCH_2CH_3 \\ \qquad | \qquad\qquad\qquad\ | \\ \qquad CH_3 \qquad\qquad\quad CHCH_3 \\ \qquad\qquad\qquad\qquad\quad | \\ \qquad\qquad\qquad\qquad\quad CH_3\end{array}$$

任务 2.3　烷烃的性质

一、物理性质

(1)物态。常温下,C_1—C_4的烷烃为气态;C_5—C_{16}的烷烃为液态;C_{17}以上的烷烃为固态。

(2)溶解度。烷烃分子没有极性或极性很弱,因此难溶于水,易溶于有机溶剂。

(3)沸点。直链烷烃的沸点随碳原子数的增加而升高,这是因为烷烃是非极性分子,随着相对分子量的增大,分子间的作用力增强,若要沸腾汽化,则需要更多的能量。

在碳原子数目相同的同分异构体中,支链越多,其沸点越低。这主要是因为支链越多,分子间的空间阻力越大,分子间作用力越小,沸点越低。

$$H_3C—CH_2—CH_2—CH_2—CH_3$$

正戊烷

沸点:36.1 ℃

$$\begin{array}{l}\qquad\quad CH_3 \\ \qquad\quad | \\ H_3C—CH—CH_2—CH_3\end{array}$$

异戊烷

28 ℃

$$\begin{array}{c}CH_3 \\ | \\ H_3C—C—CH_3 \\ | \\ CH_3\end{array}$$

新戊烷

9.5 ℃

二、化学性质

烷烃分子中的C—C σ键和C—H σ键结合得比较牢固,因此其化学性质相对较稳定。通常情况下,烷烃不与强酸(如浓盐酸、浓硫酸)、强碱(氢氧化钠、氢氧化钾)、强氧化剂(高锰酸钾、重铬酸钾)等物质发生化学反应。但在适当的温度、压力、光照、催化剂等条件下,烷烃也能发生化学反应。

(一)卤代反应

烃分子中的氢原子被其他原子(或原子团)取代的反应称为取代反应。有机物化合物分子中的氢原子被卤素原子(如 F、Cl、Br)取代的反应称为卤代反应。烷烃的卤代反应通常是指氯代反应或溴代反应;氟代反应一般过于剧烈,难以控制;碘代反应难以发生且碘代产物不稳定,易分解。

烷烃与氯或溴在室温、黑暗中并不反应,但在强光照射下则可发生剧烈反应。例如:甲烷与氯气在强光照射下发生爆炸反应,生成碳和氯化氢。

$$CH_4 + 2Cl_2 \xrightarrow{强光} C + 4HCl$$

在漫射光或加热(400～450 ℃)条件下,甲烷上的氢可以逐渐被氯原子取代,生成一氯甲烷、二氯甲烷、三氯甲烷(氯仿)和四氯甲烷(四氯化碳)。

$$CH_4 + Cl_2 \xrightarrow{光照} CH_3Cl + HCl$$

$$CH_3Cl + Cl_2 \xrightarrow{光照} CH_2Cl_2 + HCl$$

$$CH_2Cl_2 + Cl_2 \xrightarrow{光照} CHCl_3 + HCl$$

$$CHCl_3 + Cl_2 \xrightarrow{光照} CCl_4 + HCl$$

(二)氧化反应

在有机化学中,在分子中引入氧原子或减少氢原子的反应称为氧化反应。

(1)部分氧化。在适当的条件下,烷烃发生部分氧化,生成醇、醛等有机物。例如:

$$CH_4 + O_2 \xrightarrow{NO} HCHO + H_2O$$

(2)完全氧化。烷烃在氧气中完全燃烧时,产生二氧化碳和水,同时放出大量的热。例如:

$$CH_4 + 2O_2 \xrightarrow{点燃} CO_2 + 2H_2O + 889.9\ kJ/mol$$

$$C_nH_{2n+2} + \frac{3n+1}{2}O_2 \longrightarrow nCO_2 + (n+1)H_2O + 热量$$

烷烃通常作为燃料在工业生产、居民生活中广泛使用。如天然气(甲烷)、液化气(丙烷、丁烷)已经成为居民生活必不可少的一部分;汽油(C_4—C_8的多种烃类混合物)、煤油(C_9—C_{16}的多种烃类混合物)作为汽车、飞机的燃料被广泛使用。

(三)裂化反应

在隔绝空气的高温下,烷烃发生裂解的过程称为裂化。烷烃的碳原子数越多,裂化反应的产物越复杂;反应条件不同,裂化反应的产物也不同。裂化时,分子中 C—C 键发生断裂,由大分子变成小分子。例如:

$$CH_3CH_2CH_2CH_3 \xrightarrow{裂化} \begin{cases} CH_4 + CH_3CH{=}CH_2 \\ CH_3CH_3 + CH_2{=}CH_2 \\ H_2 + CH_3CH_2CH{=}CH_2 \end{cases}$$

石油裂化时,产物中主要是甲烷、乙烷、乙烯、丙烷、丙烯、丁烷等小分子烃,这些有机化合物可作为制备其他化学试剂的原料。

(四)异构化反应

异构化反应是指一个有机化合物转变为其异构体的反应。例如:

$$CH_3CH_2CH_2CH_3 \xrightleftharpoons{AlCl_3,HCl} \underset{\displaystyle CH_3}{H_3C{-}\underset{|}{CH}{-}CH_3}$$

异构化反应在石油工业中具有重要意义，通过异构化反应，直链烷烃可转化为支链烷烃，提高汽油的辛烷值和润滑油的质量。

医药常用烷烃

习题 2

一、选择题

1. 下列有关甲烷物理性质的叙述正确的是(　　)。

A. 甲烷是一种黄绿色气体

B. 甲烷是一种有臭味的气体

C. 甲烷常用排水法收集，是因为甲烷的密度与空气的密度相近

D. 甲烷能用排水法收集，是因为甲烷难溶于水

2. 下列烃的命名不符合系统命名法的是(　　)。

A. 2-甲基-3-乙基辛烷　　B. 2，4-二甲基-3-乙基己烷

C. 2，3-二甲基-5-异丙基庚烷　　D. 2，3，5-三甲基-4-丙基庚烷

3. 下列分子中，表示烷烃的是(　　)。

A. C_2H_2　　B. C_3H_8　　C. C_3H_6　　D. C_6H_6

4. 下列各组化合物中，一定是同系物的是(　　)。

A. C_2H_6 和 C_4H_8　　B. C_3H_8 和 C_6H_{14}　　C. C_8H_{16} 和 C_4H_{10}　　D. C_5H_{12} 和 C_7H_{14}

5. 在一定条件下，与其他 3 种气体都发生反应的气体是(　　)。

A. 氢气　　B. 乙烷　　C. 乙烯　　D. 氯气

6. 下列气体的主要成分不是甲烷的是(　　)。

A. 天然气　　B. 沼气　　C. 煤气　　D. 煤矿坑道气

二、用系统命名法命名下列烷烃

(1)
$$\begin{array}{ccccccccc} & & CH_3 & & & & & & \\ & & | & & & & & & \\ CH_3 & — & CH & & & & & & \\ & & | & & & & & & \\ & & CH_2 & — & CH & — & CH & — & CH_3 \\ & & & & | & & | & & \\ & & & & CH_3 & & CH_3 & & \end{array}$$

(2)
$$\begin{array}{ccccccccc} CH_3 & & CH_3 & & & & C_2H_5 & & \\ | & & | & & & & | & & \\ CH_2 & — & CH & — & CH_2 & — & CH & — & CH_3 \end{array}$$

(3)
$$\begin{array}{ccccccccccc} & & & & CH_3 & & & & CH_3 & & \\ & & & & | & & & & | & & \\ CH_3 & — & CH & — & CH & — & CH & — & CH & — & CH_3 \\ & & | & & & & | & & & & \\ & & CH_3 & & & & CH_3 & & & & \end{array}$$

(4)
$$\begin{array}{ccccccccccccc} CH_3 & — & CH_2 & — & CH & — & CH & — & CH_2 & — & CH_2 & — & CH_3 \\ & & & & | & & | & & & & & & \\ & & & & CH_2 & & CH_3 & & & & & & \\ & & & & | & & & & & & & & \\ & & & & CH_3 & & & & & & & & \end{array}$$

(5)
$$\begin{array}{ccccccccc} & & & & & & CH_3 & & \\ & & & & & & | & & \\ CH_3 & — & CH_2 & — & CH & — & C & — & CH_3 \\ & & & & | & & | & & \\ & & & & CH_3 & & CH_3 & & \end{array}$$

(6) $(CH_3)_3CCH_2CH_2CH_3$

(7) 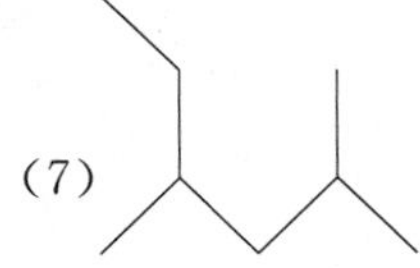

(8) 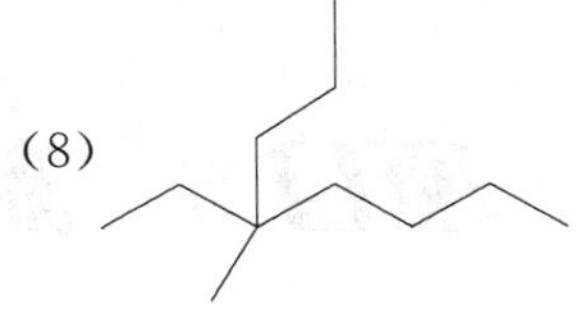

三、写出下列有机化合物的结构简式

(1)异丁烷　　(2)2,3-二甲基戊烷　　(3)2-甲基-3-乙基庚烷

(4)2,5-二甲基-3-乙基辛烷　　(5)2,5-二甲基-3-乙基己烷

项目3 烯 烃

烃类分子中，碳原子的价键没有全部被氢原子“饱和”的烃称为不饱和烃，其中分子中含有碳碳双键的称为烯烃，含有碳碳三键的称为炔烃，含有苯环的称为芳香烃。与同碳原子数的烷烃相比，少 2 个氢原子的烯烃称为单烯烃，其通式为 C_nH_{2n}($n \geqslant 2$)。碳碳双键是烯烃的官能团，烯烃的化学反应多发生在碳碳双键上。

催熟剂

任务 3.1 烯烃的结构

一、平面构型

乙烯是最简单的烯烃，结构研究表明，乙烯分子中的 2 个碳原子和 4 个氢原子都在同一平面上，如图 3-1 所示。

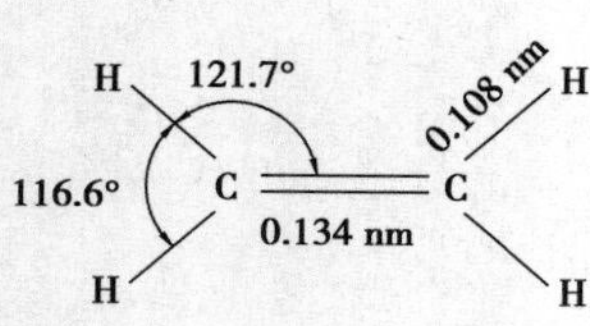

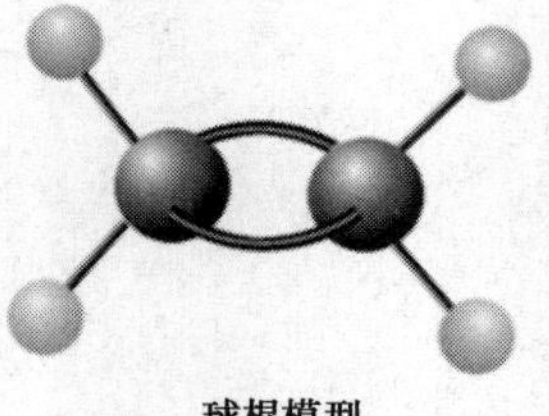
球棍模型

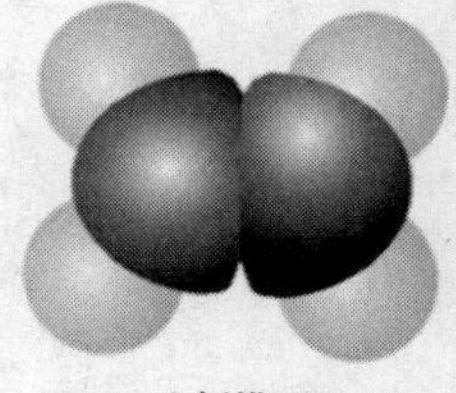
比例模型

图 3-1 乙烯分子的平面构型和模型

二、顺反异构

乙烯分子在成键时，2 个 C 原子各以 2 个 sp^2 杂化轨道与 2 个 H 原子的 s 轨道形成 C—H σ 键。同时，1 个 C 原子的 sp^2 杂化轨道与另外 1 个 C 原子的 sp^2 杂化轨道形成 C—C σ 键，剩余的 2 个 C 原子还各有 1 个未参与杂化的 p 轨道，这 2 个 p 轨道垂直于 sp^2 杂化轨道所在的平面，彼此侧面重叠(也称为肩并肩重叠)形成另外一种共价键——π 键。因此，π 键就是由原子轨道从侧面重叠形成的共价键。由此可知，烯烃的碳碳双键是由 1 个 σ 键和 1 个 π 键共同组成的。π 键的形成及乙烯分子中的 π 键如图 3-2 所示。

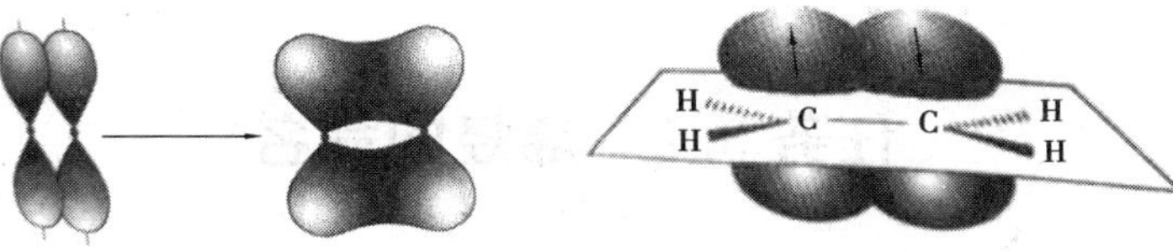

p 轨道从侧面重叠形成 π 键　　　　乙烯分子的 π 键

图 3-2　π 键

根据实验可知，σ 键可绕键轴自由旋转，而 π 键不能自由旋转，否则将破坏 2 个 p 轨道的平行状态，导致 π 键削弱或断裂(图 3-3)，因此与双键碳原子相连的原子或原子团的空间排列方式是固定的。由于 π 键从侧面重叠，且其重叠程度较小，所以 π 键不如 σ 键稳定。因此，在发生化学反应时，双键中的 π 键一般优先断裂。

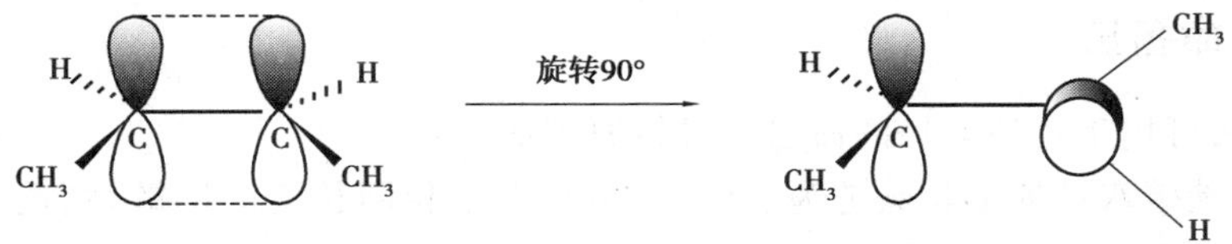

图 3-3　碳碳双键旋转使 p 轨道间不能重叠，破坏 π 键

由于烯烃中的双键不能自由旋转，所以双键碳原子上的不同原子或基团可能产生不同的空间排列方式，如 2-丁烯有两种不同的空间排列方式：

H　　　H　　　　H_3C　　　H

C═C　　　　　　C═C

H_3C　　　CH_3　　　H　　　CH_3

(1)　　　　　　(2)

(1)中 2 个相同的原子或基团(如氢原子或甲基)在双键同侧，称为顺式；(2)中 2 个相同的原子或基团在双键两侧，称为反式。这种由于原子或基团的空间排列方式不同引起的异构称为顺反异构，属于立体异构的范畴。需要注意的是，并不是所有的烯烃都存在顺反异构，存在顺反异构的烯烃必须是每个双键碳原子都连有不同的原子或基团。例如：

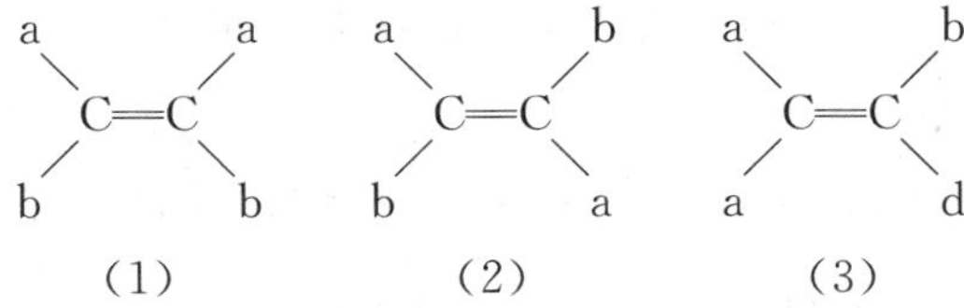

其中，(1)和(2)互为顺反异构体，(3)无顺反异构体。

顺式、反式脂肪酸

任务 3.2 烯烃的命名

一、普通命名法

普通命名法仅适用于结构简单的烯烃的命名，通常根据所含碳原子的多少称为“某烯”，如乙烯、丙烯、丁烯等。

二、系统命名法

系统命名法可用于各种烯烃的命名。具体原则如下：

(1)选择含碳碳双键的最长碳链为主链，如果有多条相同长度的碳链，则选取包含双键最多、同时支链也最多的碳链为主链，称为“某烯”；超过 10 个碳原子数的烯烃则称为“某碳烯”，如十一碳烯。

(2)从靠近碳碳双键的一端开始编号，使表示双键位置的数字尽可能最小。

(3)将碳碳双键中编号较小的碳原子序号写在母体名称之前，并加短线，称作“*n*-某烯”或“*n*-某碳烯”。

(4)取代基位次及名称的表示方法与烷烃类似。

例如：

$$\begin{array}{ccccccccccc}
 & & \mathrm{CH_3} & & & & & & \mathrm{CH_3} & & \\
6 & & |5 & & 4 & & 3 & & |2 & & 1 \\
\mathrm{H_3C} & \text{—} & \mathrm{CH} & \text{—} & \mathrm{CH} & \text{—} & \mathrm{CH} & = & \mathrm{C} & \text{—} & \mathrm{CH_3} \\
 & & & & | & & & & & & \\
 & & & & \mathrm{CH_2} & & & & & & \\
 & & & & | & & & & & & \\
 & & & & \mathrm{CH_3} & & & & & &
\end{array}$$

2,5-二甲基-4-乙基-2-己烯

$$\begin{array}{ccccccc}
 & & \mathrm{CH_3} & & & & \\
 & & |3 & & 2 & & 1 \\
\mathrm{H_3C} & \text{—} & \mathrm{C} & \text{—} & \mathrm{CH} & = & \mathrm{CH_2} \\
 & & | & & & & \\
 & & \mathrm{CH_2} & \text{—} & \mathrm{CH_3} & & \\
 & & 4 & & 5 & &
\end{array}$$

3,3-二甲基-1-戊烯

$$\begin{array}{ccccccccccc}
1 & & 2 & & 3 & & 4 & & 5 & & 6 \\
\mathrm{CH_3} & \text{—} & \mathrm{C} & = & \mathrm{CH} & \text{—} & \mathrm{CH_2} & \text{—} & \mathrm{CH} & \text{—} & \mathrm{CH_3} \\
 & & | & & & & & & | & & \\
 & & \mathrm{CH_3} & & & & & & \mathrm{CH_3} & &
\end{array}$$

2,5-二甲基-2-己烯

思考与讨论

用系统命名法命名下列有机化合物。

(1) $CH_3-\underset{\displaystyle CH_3}{\underset{|}{C}}=CH-CH_3$　　(2) $CH_3-CH=CH-\overset{\displaystyle CH_3}{\overset{|}{\underset{\displaystyle CH_3}{\underset{|}{C}}}}-CH_3$

(3) $CH_3-\underset{\displaystyle CH_3-CH_2-CH_2}{\underset{|}{CH}}-\underset{\displaystyle CH_2-CH_3}{\underset{|}{C}}=CH_2$　　(4) $CH_3-\underset{\displaystyle CH_3}{\underset{|}{C}}=CH-\underset{\displaystyle CH_3}{\underset{|}{CH}}-CH_3$

(5) $CH_3-CH=\underset{\displaystyle CH_3}{\underset{|}{C}}-CH_2-CH_3$　　(6) $CH_3-CH=\underset{\displaystyle CH_2-CH_3}{\underset{|}{C}}-CH_3$

三、顺反异构的命名

根据取代基情况分别命名为顺、反(普通名称)或 Z、E。

当双键的 2 个碳原子上所连的 2 个基团中有 1 个相同时,可用顺、反命名其几何异构体,将相同基团在双键同侧的称顺,在异侧的称反。例如:

$$\begin{array}{ccc} H & & H \\ & \diagdown\ \ \diagup & \\ & C=C & \\ & \diagup\ \ \diagdown & \\ H_3C & & CH_3 \end{array} \qquad \begin{array}{ccc} H_3C & & H \\ & \diagdown\ \ \diagup & \\ & C=C & \\ & \diagup\ \ \diagdown & \\ H & & CH_3 \end{array}$$

顺-2-丁烯　　反-2-丁烯

$$\begin{array}{ccc} CH_3 & & CH_3 \\ & \diagdown\ \ \diagup & \\ & C=C & \\ & \diagup\ \ \diagdown & \\ H & & C_2H_5 \end{array} \qquad \begin{array}{ccc} Cl & & Br \\ & \diagdown\ \ \diagup & \\ & C=C & \\ & \diagup\ \ \diagdown & \\ H & & Cl \end{array}$$

顺-3-甲基-2-戊烯　　反-1,2-二氯-1-溴-乙烯

注意,在书写名称时,“顺”或“反”后要用“-”连接。

顺反异构命名法主要用于命名双键的 2 个碳原子上连有相同原子或基团的顺反异构体。如果双键的 2 个碳原子上连有不同的原子或基团,则需采用以“次序规则”为基础的 Z、E 构型命名法。

例如:

$$\begin{array}{ccc} H & & CH_2CH_2CH_3 \\ & \diagdown\ \ \diagup & \\ & C=C & \\ & \diagup\ \ \diagdown & \\ H_3CH_2C & & CH_3 \end{array}$$

这种情况下就需要采用 Z/E 命名法进行命名。

Z/E 命名法的基本原则如下:

(1)根据“次序规则”比较出双键的每个碳原子上所连接的 2 个原子或基团的优先次序,大者成为“优先”基团。

(2)当 2 个原子上的“较优”原子或基团处于双键的同侧时,用 Z(德文 Zusammen 的缩写,

意为“共同”，指同侧）标记其构型；“较优”原子或基团在异侧时，用 E（德文 Entgegen 的缩写，意为“相反”，指不同侧）标记其构型。

（3）书写时，将 Z 或 E 加括号放在烯烃名称之前，同时用半字线与烯烃名称相连。

必须注意的是，Z/E 命名法和顺反命名法所依据的规则不同，彼此之间没有必然的联系。顺可以是 Z，也可以是 E，反之亦然。例如：

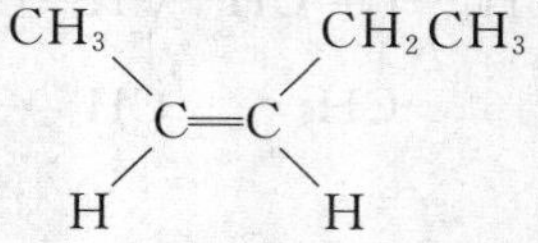

$$\begin{array}{ccc} CH_3 & & CH_2CH_3 \\ & C{=}C & \\ H & & H \end{array} \qquad \begin{array}{ccc} CH_3 & & CH_3 \\ & C{=}C & \\ H & & CH_2CH_3 \end{array}$$

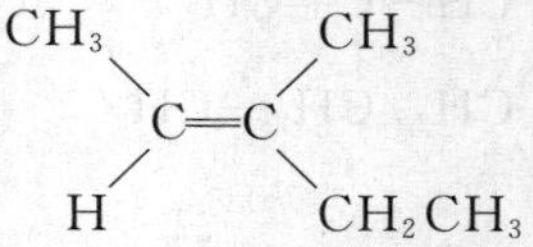

顺-2-戊烯　　　　顺-3-甲基-2-戊烯

(Z)-2-戊烯　　　　(E)-3-甲基-2-戊烯

任务 3.3　烯烃的性质

同烷烃一样，烯烃难溶于水，易溶于有机溶剂。常温下，C_2—C_4 的烯烃为气态；C_5—C_{18} 的烯烃为液态；C_{19} 以上的烯烃为固体。

烯烃的化学性质比烷烃活泼，容易发生加成、氧化、聚合等反应。

一、氧化反应

烯烃的双键非常活泼，容易发生氧化反应。

1. 完全氧化

烯烃可以在氧气中充分燃烧，生成 CO_2 和 H_2O。

$$CH_2{=}CH_2 + 3O_2 \xrightarrow{\text{点燃}} 2CO_2 + 2H_2O$$

2. 强氧化剂氧化

烯烃易被强氧化剂氧化，且氧化剂和氧化条件不同时，生成的产物也不同，如用高锰酸钾溶液作氧化剂时，高锰酸钾溶液的浓度、酸碱性、温度等对产物的影响都很大。

当烯烃与冷的碱性高锰酸钾溶液作用时，碳碳双键中的 π 键断裂，生成邻二醇。同时，高锰酸钾的紫红色迅速褪去，并生成棕色的二氧化锰沉淀。

$$H_3C{-}CH{=}CH_2 + KMnO_4 + 2H_2O \longrightarrow H_3C{-}\underset{\displaystyle OH}{\underset{|}{CH}}{-}\underset{\displaystyle OH}{\underset{|}{CH_2}} + MnO_2\downarrow + 2KOH$$

烯烃被过量的、热的高锰酸钾溶液或酸性高锰酸钾溶液氧化时，碳碳双键中的 π 键和 σ 键全部断裂，生成相应的氧化产物。

$$H_3C{-}CH{=}CH{-}C_2H_5 \xrightarrow[\triangle]{KMnO_4/H^+} CH_3COOH + CH_3CH_2COOH$$

二、加成反应

烯烃能与某些物质发生加成反应，使双键中的 π 键断裂，某些物质的 2 个原子或基团分别加到不饱和碳原子上。加成反应是烯烃的特征反应之一。

$$>C=C< + X-Y \longrightarrow -\underset{X}{\underset{|}{\overset{|}{C}}}-\underset{Y}{\underset{|}{\overset{|}{C}}}-$$

1. 加卤素

烯烃与卤素发生反应，生成邻位二卤代烷烃。

$$H_2C=CH_2+Cl-Cl \xrightarrow[FeCl_3]{40\ ^\circ C, 0.1\sim0.2\ MPa} \underset{Cl}{\underset{|}{H_2C}}-\underset{Cl}{\underset{|}{CH_2}}$$

1,2-二氯乙烷

在常温、常压、不加催化剂的条件下，烯烃与溴的四氯化碳溶液或溴水可以发生加成反应，生成二溴代烷烃。

$$H_3C-CH=CH_2 + Br_2 \longrightarrow H_3C-\underset{Br}{\underset{|}{CH}}-\underset{Br}{\underset{|}{CH_2}}$$

因为溴水或溴的四氯化碳溶液为红棕色，在加成反应中溶液颜色迅速褪去，所以，用溴水或溴的四氯化碳溶液可以鉴别烯烃。

2. 加卤化氢

烯烃除了可以和卤素加成外，还可以和卤化氢发生加成反应，生成卤代烷烃。例如：

$$H_2C=CH_2+H-Cl \xrightarrow[\text{无水}\ AlCl_3]{30\sim40\ ^\circ C, 0.3\sim0.4\ MPa} H_3C-\overset{Cl}{\overset{|}{CH_2}}$$

对称烯烃(如乙烯、2-丁烯等)，由于双键上 2 个碳原子连接的原子或基团相同，所以，无论氢原子或卤素原子加到哪个碳原子上，所得到的产物都相同。但不对称烯烃(如丙烯等)，其在与卤化氢加成时，会产生 2 种不同的产物。

$$H_3C-CH=CH_2 + HCl \longrightarrow \begin{cases} H_3C-CH_2-\underset{Cl}{\underset{|}{CH_2}} \\ H_3C-\underset{Cl}{\underset{|}{CH}}-CH_3 \end{cases}$$

1870 年，马尔科夫尼科夫经过大量实验发现：不对称烯烃与不对称小分子试剂加成时，不对称小分子试剂的正性基团(包括氢原子)将加在烯烃双键连氢较多(取代基较少)的碳原子上，而负性基团则加在连氢较少的双键碳原子上。这一规律被称为马尔科夫尼科夫规则，简称“马氏规则”。比如在丙烯与 HCl 的加成产物中，$H_3C-\underset{Cl}{\underset{|}{CH}}-CH_3$ 更多。

但是，当加成反应中有过氧化物存在时，不对称烯烃与 HCl 的加成产物是与马氏规则相反的，称为“反马氏规则”。例如：

$$H_3C—CH═CH_2 + HCl \xrightarrow{过氧化物} H_3C—CH_2—\underset{\displaystyle |\atop \displaystyle Cl}{CH_2}（占多数）$$

思考与讨论

依据马氏规则，请判断下列加成反应的主要产物。

①$H_3C—CH═CH_2 + H_2O \xrightarrow[300\ ℃, 7\ MPa]{磷酸-硅藻土}$

②$H_3C—CH═CH_2 + HClO \longrightarrow$

③$H_3C—CH═CH_2 + H_2SO_4 \longrightarrow$

三、聚合反应

在一定条件下，烯烃可以发生双键断裂而相互加成的反应，得到长链的大分子或高分子化合物。由相对分子质量低的有机化合物相互作用而生成高分子化合物的反应称为聚合反应。聚合反应生成的高分子是由较小的结构单元重复连接而成的。例如，聚乙烯分子可以用$\text{⁅}CH_2—CH_2\text{⁆}_n$来表示，其中重复的结构单元“$—CH_2—CH_2—$”称为链节，参加反应的相对分子质量低的小分子化合物称为单体，乙烯就是聚乙烯的单体，生成的相对分子质量高的有机化合物称为聚合物，其中的n称为聚合度。例如：

$$CH_2═CH_2 + CH_2═CH_2 + CH_2═CH_2 + \cdots \xrightarrow{催化剂}$$
$$\cdots—CH_2—CH_2—CH_2—CH_2—CH_2—CH_2—\cdots$$

这个反应也可表示为：

$$\underset{单体}{nCH_2═CH_2} \xrightarrow{催化剂} \underset{聚合物}{\text{⁅}CH_2—CH_2\text{⁆}_n}（聚乙烯）$$

聚合反应相关应用

乙烯的聚合反应同时也是加成反应，这样的反应又被称为加成聚合反应，简称加聚反应。用同样的方法还可制得聚氯乙烯、聚丙烯等。

习题 3

一、选择题

1. 已知乙烯分子是平面结构，1，2-二氯乙烯可形成 $\begin{matrix} Cl & & Cl \\ & C═C & \\ H & & H \end{matrix}$ 和 $\begin{matrix} Cl & & H \\ & C═C & \\ H & & Cl \end{matrix}$ 这样不同的空间异构体，称为顺反异构。下列有机化合物中能形成类似上述空间异构体的是（　　）。

A. 1-丙烯　　B. 4-辛烯　　C. 1-丁烯　　D. 2-甲基-1-丙烯

2. 丙烯可看作乙烯分子中的 1 个氢原子被—CH_3取代的产物，由乙烯推测丙烯的结构或性质，下列说法正确的是(　　)。

A. 分子中 3 个碳原子在同一直线上　　B. 分子中所有原子都在同一平面上

C. 与 HCl 加成只生成 1 种产物　　D. 丙烯可以使酸性高锰酸钾溶液褪色

3. 由于 π 键不能单独存在和自由旋转，所以(　　)。

A. 烯烃分子中存在着顺反异构现象　　B. 烯烃分子中存在着碳架异构现象

C. 烯烃分子中存在着双键位置异构现象　　D. 烯烃分子中存在着吸电子诱导现象

4. 某烯烃(只含 1 个双键)与 H_2加成后的产物是

$$\begin{array}{l} CH_3—\underset{\displaystyle CH_3}{\underset{|}{CH}}—\underset{\displaystyle CH_3}{\underset{|}{CH}}—C(CH_3)_3 \end{array}$$

，则该烯烃的结构式可能有(　　)。

A. 1 种　　B. 2 种　　C. 3 种　　D. 4 种

5. 欲制取较纯净的 CH_2ClCH_2Cl(即 1,2-二氯乙烷)，可采取的方法是(　　)。

A. 乙烯与 Cl_2加成

B. 乙烯与 HCl 加成

C. 乙烷与 Cl_2按 1∶2的体积比在光照条件下反应

D. 乙烯先与 HCl 加成，再与等物质的量的 Cl_2在光照下反应

6. 有机化合物 $CH_3—CH═CH—Cl$ 不能发生的反应有(　　)。

①取代反应　②加成反应　③消去反应　④使溴水褪色

⑤使 $KMnO_4$酸性溶液褪色　⑥与 $AgNO_3$溶液生成白色沉淀　⑦聚合反应

A. ①②③④⑤⑥⑦　B. ⑦　C. ⑥　D. ②

二、写出下列有机化合物的构造式

(1)2,4-二甲基-2-戊烯　　(2)2-丁烯

(3)3,3,5-三甲基-1-庚烯　　(4)2-乙基-1-戊烯

(5)3,4-二甲基-2-戊烯　　(6)2-甲基-3-丙基-2-庚烯

三、用系统命名法给下列烯烃命名

(1) $$CH_3—CH═\underset{\displaystyle CH_3}{\underset{|}{C}}—CH_2—CH_3$$

(2) $$CH_3—\underset{\displaystyle CH_3}{\underset{|}{CH}}—CH_2—\underset{\displaystyle CH_3}{\underset{|}{C}}═CH_2$$

(3) $$CH_2═CH—\underset{\displaystyle CH_3}{\underset{|}{CH}}—\underset{\displaystyle C_2H_5}{\underset{|}{CH}}—CH_3$$

(4) $$CH_3—CH_2—\underset{\displaystyle CH_3}{\underset{|}{CH}}—\underset{\displaystyle \underset{\displaystyle CH_2}{\underset{\|}{CH}}}{\underset{|}{CH}}—CH_2—CH_3$$

(5) $CH_3C{=}CHCHCH_2CH_3$（2号碳上连 C_2H_5，4号碳上连 CH_3）

(6) $CH_3CH_2CH_2CCH_2(CH_2)_2CH_3$（4号碳以双键连 CH_2）

四、写出下列反应的化学方程式

(1)乙烯与氯气发生加成反应

(2)乙烯与氯化氢发生加成反应

(3)氯乙烯($CH_2{=}CHCl$)发生加聚反应生成聚氯乙烯

(4)乙烯使溴水褪色

(5)乙烯在空气中燃烧

(6)工业上利用乙烯与水的加成反应制取乙醇(反应条件:加热、加压、催化剂)

项目4 炔　烃

炔烃是分子中含有碳碳三键（ —C≡C— ）的烃。单炔烃的通式为 $C_nH_{2n-2}(n\geqslant2)$，单炔烃与相同碳原子的二烯烃互为同分异构体。

乙炔的发现

任务4.1 炔烃的结构

乙炔是最简单的炔烃，分子式为 C_2H_2。乙炔分子中的2个碳原子与2个氢原子在同一条直线上，因此，乙炔分子是直线型分子(图4-1)。杂化轨道理论认为，乙炔分子中碳原子(炔碳原子)为sp杂化(图4-2)。每个碳原子各以1个sp杂化轨道互相重叠形成1个C—C σ键；另外1个sp杂化轨道分别与氢原子的1s轨道重叠形成C—H σ键。碳原子上剩下2个未参与杂化的p轨道分别从侧面重叠，形成2个π键(图4-3)，使得炔键π电子云呈圆筒形分布。

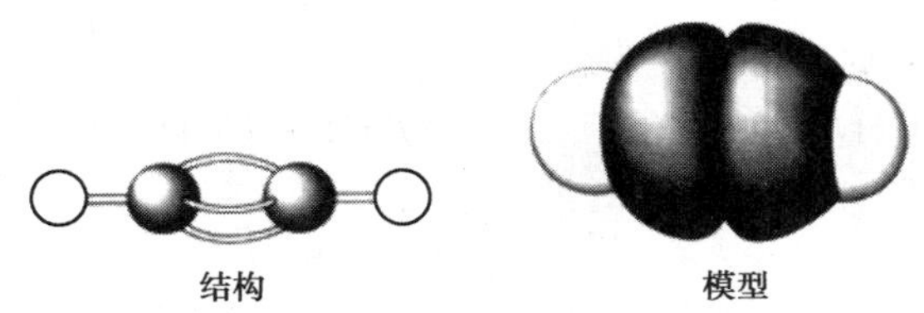

图4-1　乙炔分子的结构及模型

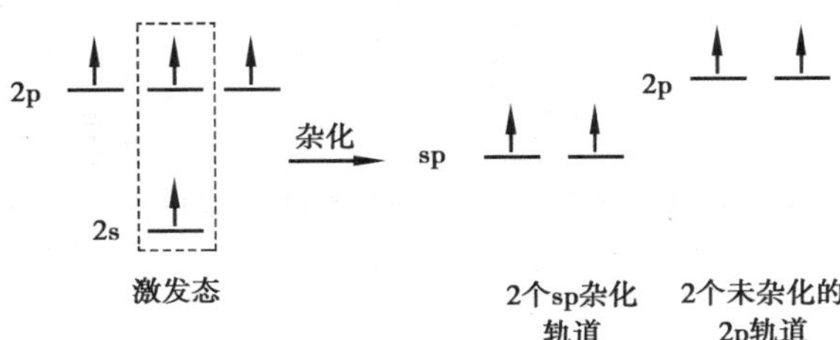

图4-2　乙炔分子中碳原子的sp杂化

图4-3　乙炔分子的σ键和2个π键

任务 4.2 炔烃的命名

炔烃的系统命名法原则与烯烃类似。例如：

$$\begin{array}{l} \qquad\ \ CH_3 \\ \qquad\quad | \\ H_3C-CH-CH-C\equiv C-CH_3 \\ \qquad\qquad\quad | \\ \qquad\qquad\ \ CH_2 \\ \qquad\qquad\quad | \\ \qquad\qquad\ \ CH_3 \end{array}$$

5-甲基-4-乙基-2-己炔

$$\begin{array}{l} \qquad\qquad\qquad\ CH_3 \\ \qquad\qquad\qquad\quad | \\ H_3C-H_2C-CH-CH-C\equiv C-CH_3 \\ \qquad\qquad\qquad\qquad\quad | \\ \qquad\qquad\qquad\qquad\ CH_3 \end{array}$$

4,5-二甲基-2-庚炔

如果分子中同时含有碳碳双键和碳碳三键，则选择包括碳碳双键和碳碳三键在内的最长碳链为主链，编号时从靠近不饱和键的一端开始，使烯、炔2个位次的数字和最小，书写时先烯后炔。若烯、炔的编号相同，则应使双键具有最小的位次。例如：

$$\begin{array}{l} CH_3C\equiv CCHCH_2CH=CH_2 \\ \qquad\qquad\ | \\ \qquad\qquad CH_2CH_3 \end{array}$$

4-乙基-1-庚烯-5-炔

$$HC\equiv CCH_2CH(CH_3)CH=CH_2$$

3-甲基-1-己烯-5-炔

思考与讨论

用系统命名法给下列有机化合物命名。

(1) $CH_3-C\equiv C-CH_3$

(2) $CH\equiv CCH_2CH_3$

(3)
$$\begin{array}{l} CH_3CH-CH_2C\equiv CH \\ \qquad\ | \\ \qquad CH_3 \end{array}$$

(4) $CH_3-C\equiv C-CH_2-CH_3$

(5)
$$\begin{array}{l} CH_3-CH-C\equiv C-CH_2-CH_3 \\ \qquad\quad | \\ \qquad\ \ CH_3 \end{array}$$

(6) $CH_2=CH-C\equiv CH$

任务 4.3 炔烃的性质

同烷烃、烯烃一样，炔烃难溶于水，易溶于有机溶剂。常温下，乙炔、丙炔和1-丁炔为气体，其他炔烃一般为液体或固体。

炔烃的化学性质与烯烃相似，容易发生加成、氧化、聚合等反应。炔烃和烯烃都属于不饱和烃，分子中都有 π 键，但碳碳三键的碳原子杂化状态和电子云分布与双键有不同之处，因此除某些反应的活性有差别外，最大的区别是与炔碳相连的氢（简称“炔氢”）具有弱酸性。

一、加成反应

由于炔烃分子里含有不饱和的碳碳三键，炔烃能与卤素（如溴、氯）发生加成反应。反应是分步进行的，先加 1 分子卤素生成二卤代烯，然后继续加成得到四卤代烷。例如：

$$H-C\equiv C-H + Br-Br \longrightarrow H-\underset{\underset{Br}{|}}{C}=\underset{\underset{Br}{|}}{C}-H$$

1,2-二溴乙烯

$$H-\underset{\underset{Br}{|}}{C}=\underset{\underset{Br}{|}}{C}-H + Br-Br \longrightarrow H-\overset{\overset{Br}{|}}{\underset{\underset{Br}{|}}{C}}-\overset{\overset{Br}{|}}{\underset{\underset{Br}{|}}{C}}-H$$

1,1,2,2-四溴乙烷

溴水或溴的四氯化碳溶液为红棕色，在反应中，炔烃与溴加成，使溴的颜色褪去，因此，用溴水或溴的四氯化碳溶液可以鉴别炔烃。

炔烃在催化剂作用下也可与水、醇、有机酸等发生加成反应，加成时符合马氏规则。例如：

$$HC\equiv CH + HCl \xrightarrow[\triangle]{\text{催化剂}} H_2C=CHCl$$

$$H_3C-C\equiv CH + H_2O \xrightarrow[HgSO_4,\,H_2SO_4]{160\sim165\ ^\circ C,\,2\ MPa} CH_3-\underset{\underset{OH}{|}}{C}=CH_2$$

烯醇式一般不稳定，会很快发生异构化，形成酮式。烯醇式与酮式处于动态平衡，可相互转化。例如：

$$CH_3-\underset{\underset{OH}{|}}{C}=CH_2 \rightleftharpoons CH_3-\underset{\underset{O}{\|}}{C}-CH_3$$

二、氧化反应

炔烃的碳碳三键较活泼，易发生氧化反应。当氧化剂不同时，氧化反应的产物也不同。

(一)完全氧化

炔烃可以在氧气中充分燃烧，生成 CO_2 和 H_2O。例如：

$$2CH\equiv CH + 5O_2 \xrightarrow{\text{点燃}} 4CO_2 + 2H_2O$$

(二)强氧化剂氧化

炔烃可以和强氧化剂，如酸性高锰酸钾（$KMnO_4$）溶液发生反应，炔烃三键断裂，生成羧酸或二氧化碳，同时高锰酸钾溶液紫色褪去，但高锰酸钾溶液褪色的速度比其与烯烃反应的褪色速度慢。例如：

$$H_3C—C\equiv CH \xrightarrow[\triangle]{KMnO_4/H^+} CH_3COOH + CO_2$$

$$H_3C—C\equiv C—C_2H_5 \xrightarrow[\triangle]{KMnO_4/H^+} CH_3COOH + CH_3CH_2COOH$$

在反应过程中，$KMnO_4$溶液由反应前的紫色到反应后的颜色褪去，变化非常明显，因此该反应可用来鉴别炔烃。

在炔烃与酸性 $KMnO_4$反应时，不同的炔烃可以生成不同物质。其中具有 R—C≡ 结构的炔烃，氧化后生成 RCOOH；具有 H—C≡ 结构的炔烃，氧化后生成 CO_2。因此，可以根据氧化后所得的产物推测出原炔烃的结构。

三、聚合反应

同烯烃一样，炔烃可以发生聚合反应，随着聚合条件的不同，聚合产物也不同。例如：

$$n\text{HC}\equiv\text{CH} \xrightarrow{\text{齐格勒-纳塔}} \text{\{} HC=CH \text{\}}_n$$

$$2HC\equiv CH \xrightarrow[Cu_2Cl_2\text{-}NH_4Cl]{\text{少量盐酸},70\ ℃} H_2C=CH—C\equiv CH$$

$$3CH\equiv CH \xrightarrow[500\ ℃]{Ni(CO)_2,[(C_6H_5)_3P]_2} \text{苯}$$

四、炔氢原子反应

乙炔和具有 RC≡CH（端基炔烃）结构特征的炔烃，均有直接与碳碳三键碳原子相连的氢原子。由于三键碳原子是 sp 杂化，杂化轨道中 s 成分越多，电子云越靠近碳原子核，所以三键碳原子的电负性较大，从而使 C—H 键极性增加、氢原子活性增强，比较活泼，故乙炔和端基炔烃呈弱酸性，可以与某些金属原子发生反应，生成金属炔化物。

(一)被碱金属取代

乙炔和端基炔烃与金属钠反应，生成炔化钠并放出氢气。例如：

$$2HC\equiv CH + 2Na \xrightarrow{110\ ℃} 2HC\equiv CNa + H_2$$

$$HC\equiv CH + 2Na \xrightarrow{190\sim 220\ ℃} NaC\equiv CNa + H_2$$

生成的炔化钠是有机合成中非常有用的中间体，它可与卤代烷反应增长碳链，合成高级炔烃，这是有机合成中增长碳链的一种常用方法。

$$RC\equiv CNa + R'X \longrightarrow RC\equiv CR' + NaX$$

(二)被重金属取代

乙炔或端基炔烃能与硝酸银的氨溶液或氯化亚铜的氨溶液反应，生成白色的炔化银沉淀或棕红色的炔化亚铜沉淀。

$$HC\equiv CH + Ag(NH_3)_2NO_3 \longrightarrow HC\equiv CAg\downarrow + NH_4NO_3 + NH_3$$

$$HC\equiv CH + Cu(NH_3)_2Cl \longrightarrow HC\equiv CCu\downarrow + NH_4Cl + NH_3$$

上述反应很灵敏，现象明显，可用于鉴别含有活泼氢的炔烃。

习题 4

一、选择题

1. 下列不能使酸性 $KMnO_4$ 溶液褪色的是( )。

A. 乙烯　　B. 聚乙烯　　C. 丙烯　　D. 乙炔

2. 下列关于炔烃的描述，不正确的是( )。

A. 分子里含有碳碳三键的不饱和烃称为炔烃

B. 炔烃分子里的所有碳原子都在同一直线上

C. 炔烃易发生加成反应，也可以发生取代反应

D. 炔烃能使溴水褪色，也可以使酸性高锰酸钾溶液褪色

3. 炔烃分子中碳碳三键碳原子上的氢具有( )。

A. 强碱性　　B. 弱碱性　　C. 弱酸性　　D. 强酸性

4. 丙炔不能发生的反应有( )。

①取代反应　②加成反应　③消去反应　④使溴水褪色

⑤使 $KMnO_4$ 酸性溶液褪色　⑥聚合反应

A. ③④⑤⑥　　B. ⑥　　C. ③　　D. ①③

5. 下列物质能与 $Ag(NH_3)_2^+$ 反应生成白色沉淀的是( )。

A. 乙醇　　B. 乙烯　　C. 2-丁炔　　D. 1-丁炔

6. 下列化合物中氢原子最易离解的是( )。

A. 乙烯　　B. 乙烷　　C. 乙炔　　D. 苯

7. 能证明乙炔分子中含有碳碳三键的事实是( )。

A. 乙炔能使溴水褪色　　B. 乙炔能使酸性高锰酸钾溶液褪色

C. 乙炔可以跟 HCl 气体加成　　D. 1 mol 乙炔可以和 2 mol H_2 发生加成反应

8. 下列说法错误的是( )。

A. 纯乙炔有难闻的臭味

B. 乙炔分子里所有原子在一条直线上

C. 电石必须防潮、密封、干燥保存

D. 可用饱和食盐水代替水，以减缓电石与水反应的速率

9. 下列有关乙炔性质的叙述中，既不同于乙烯又不同于乙烷的是( )。

A. 能燃烧生成二氧化碳和水

B. 可发生加成反应

C. 能使 $KMnO_4$ 酸性溶液褪色

D. 能与 HCl 反应生成氯乙烯

二、用系统命名法命名下列有机化合物

(1) $CH_3CH(C_2H_5)C\equiv CCH_3$

(2) $(CH_3)_3CC\equiv CC\equiv CC(CH_3)_3$

(3) $CH\equiv C\overset{\overset{\displaystyle CH_3}{|}}{C}HCH_2CH_3$

(4) $CH_3CH_2\overset{\overset{\displaystyle CH_3}{|}}{C}HCH_2\underset{\underset{\displaystyle CH_3}{|}}{C}H\overset{\overset{\displaystyle C\equiv CH}{|}}{C}HCH_2CH_3$

三、写出下列有机化合物的结构简式

(1)4-甲基-2-戊炔

(2)2-甲基-1-丁烯-3-炔

(3)2-甲基-1,3,5-己三烯

(4)3-甲基-3-己烯-1-炔

项目 5 芳香烃

很多含有一个或多个苯环结构、具有高度不饱和性却相当稳定的化合物，最初是从天然树脂、香精油中提取得到的，是一类具有芳香气味的化合物，该类化合物结构上基本都含有苯环。为了与脂肪族化合物相区别，于是将此类化合物称为芳香族化合物。后来研究发现，许多含有苯环结构的化合物并无香味，甚至还具有难闻的气味，因此“芳香”一词失去了原有的含义。

芳香杀手——苯

任务 5.1 芳香烃的分类和结构

一、芳香烃的分类

含有苯环的烃称为苯系芳烃，苯系芳烃分为单环芳烃和多环芳烃。在芳烃中，苯是最简单的单环芳烃。

(1)单环芳烃：分子中含 1 个苯环的芳烃。例如：

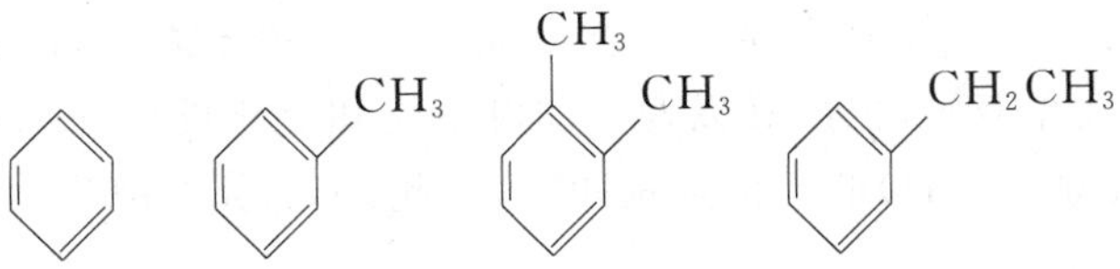

CH_3 CH_3 CH_3 CH_2CH_3

(2)多环芳烃：分子中含 2 个或 2 个以上苯环的芳烃。例如：

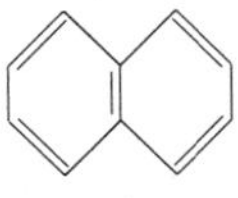

萘 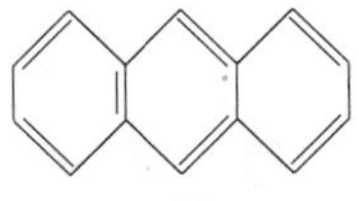 蒽 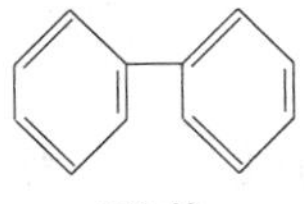 联苯

二、芳香烃的结构

以苯为例，苯的分子式为 C_6H_6。从其分子组成看，苯具有很大的不饱和性，应具有不饱和烃的性质，但实验表明，苯不能使酸性高锰酸钾溶液和溴的四氯化碳溶液褪色。由此可知，苯在化学性质上与烯烃和炔烃明显不同。

苯分子中 6 个碳和 6 个氢的结合方式，曾引起许多化学家的关注。1865 年，德国化学家凯库勒首先提出了苯环的结构。他认为，苯的 6 个碳原子连接成一个平面环状六边形，每个碳原子和 1 个氢原子相连，碳碳键的键长完全相等，而且介于碳碳单键和碳碳双键之间。为了满足碳的四价，凯库勒将苯的结构表示为含有交替单、双键的六碳原子的环状化合物。

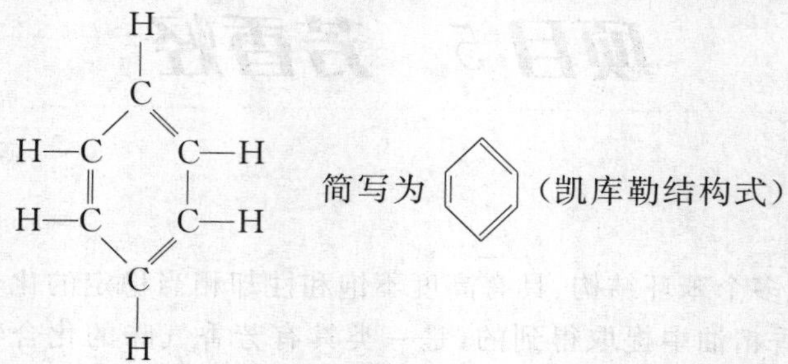

杂化轨道理论认为，苯分子中的 6 个碳原子都是 sp^2 杂化，每个碳原子的 3 个 sp^2 杂化轨道分别与相邻的 2 个碳原子的 sp^2 杂化轨道和 1 个氢原子的 s 轨道形成 2 个 C—C σ 键和 1 个 C—H σ 键，所有的 σ 键都在同一个平面上，因此，苯环中 6 个碳原子和 6 个氢原子均在同一平面上。此外，每个碳原子剩下的 1 个未参与杂化的 p 轨道的对称轴彼此平行，且垂直于上述平面，6 个 p 轨道依次"肩并肩"平行重叠，形成有 6 个电子的闭合大 π 键共轭体系(图 5-1)。

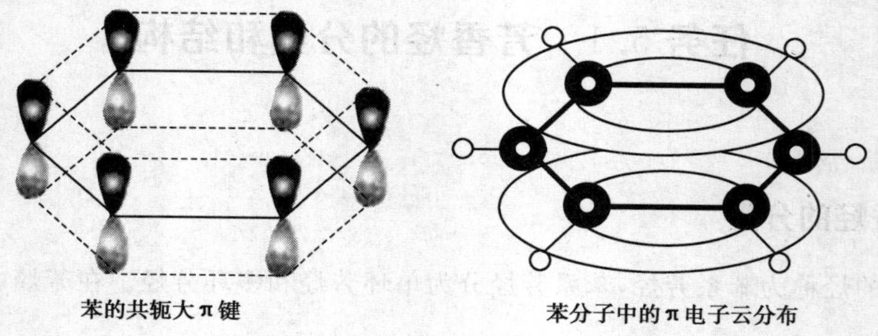

图 5-1 苯的共轭体系

由于共轭效应，π 电子高度离域，电子云完全平均化，碳碳键键长完全相同(均为 0.140 nm)，故苯环上无单双键之分，难以发生加成反应和氧化反应，却容易发生取代反应；而且，苯环上的 6 个碳氢键(C—H)的地位是相同的，因此，苯的邻二卤代物只有 1 种。

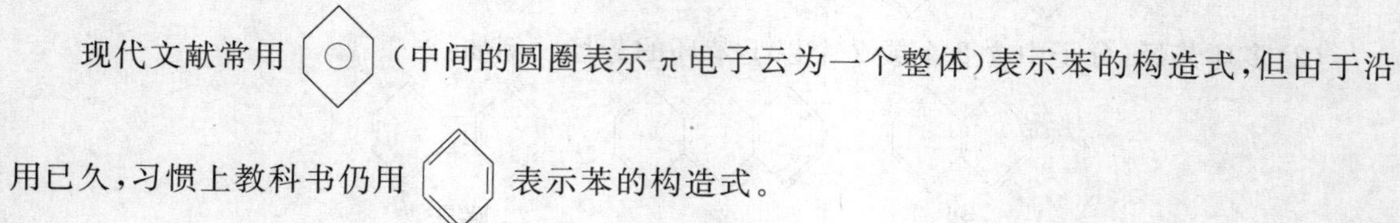

任务 5.2 芳香烃的命名

苯的同系物是指苯分子中的氢原子被烷基取代后的产物，且组成上与苯相差一个或若干个 CH_2，苯和苯的同系物的通式为 C_nH_{2n-6}($n\geqslant6$)。

一、烷基苯的命名

1.简单烷基苯的命名

命名简单烷基苯时，将苯作为母体，烷基看作取代基。

(1)单取代。苯环上的1个氢原子被烷基取代后形成苯的一元取代物，苯的一元取代只有1种产物。例如：

$-CH_3$ 甲苯 $-CH_2CH_3$ 乙苯 $-CH_2CH_2CH_3$ 正丙苯 $-CHCH_3$（CH_3）异丙苯

(2)二元取代。苯的二元取代有3种位置异构，如二甲苯有3种同分异构体。它们之间的差别在于2个甲基在苯环上的相对位置不同，可分别用“邻”“间”“对”来表示。例如：

1,2-二甲苯 邻二甲苯　1,3-二甲苯 间二甲苯　1,4-二甲苯 对二甲苯

(3)多元取代。当苯环上有3个或者更多取代基时，可用阿拉伯数字表示取代基的位置。取代基相同的三元取代物，也可用“连”“偏”“均”表示它们的相对位置。例如：

1,2,3-三甲苯 连三甲苯　1,2,4-三甲苯 偏三甲苯　1,3,5-三甲苯 均三甲苯

2.复杂烷基苯的命名

当苯环上连接较复杂烷基时，可把苯基看作取代基，以烷烃为母体。例如：

$-CHCH_2CH_3$（CH_2CH_3）3-苯基戊烷　CH 三苯甲烷

苯代不饱和脂肪链烃的命名也把苯基看作取代基，以不饱和链烃为母体。例如：

苯乙烯　　1-苯丙烯　　苯乙炔

二、苯的衍生物的命名

当苯环上含有 2 个不同基团(官能团)时,命名按下列顺序:排在前面的官能团为母体,排在后面的作为取代基,如羧基(—COOH)、磺酸基(—SO_3H)、酯基(—COOR)、醛基(—CHO)、羟基(—OH)、氨基(—NH_2)、烷氧基(—OR)、烷基(—R)、卤素(—X)、硝基(—NO_2)。例如:

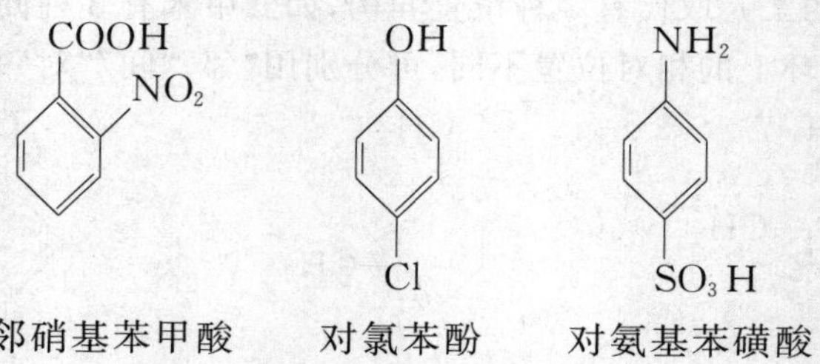

邻硝基苯甲酸　　对氯苯酚　　对氨基苯磺酸

思考与讨论

请为下列有机化合物命名。

任务 5.3　单环芳烃的性质

苯及苯的同系物都是无色、具有芳香气味的液体。单环芳烃不溶于水,可溶于醇、醚等有机溶剂。单环芳烃的沸点随着碳原子数目增加而升高;侧链的位置对其沸点没有太大影响。单环芳烃的相对密度小于 1,比水轻。

单环芳烃的结构比较稳定,但在一定条件(如催化)下可以发生取代、加成和氧化反应。

一、取代反应

(一)卤代反应

芳烃与卤素在不同条件下可以发生不同的取代反应。

1. 苯环上的取代反应

在催化剂(铁粉或三卤化铁等)存在下,苯环上的氢原子被卤素原子取代生成卤代苯。常见的卤代反应有氯代反应和溴代反应。例如:

$$C_6H_6 + Cl_2 \xrightarrow[\triangle]{Fe} C_6H_5{-}Cl + HCl$$

$$C_6H_6 + Br_2 \xrightarrow[\triangle]{FeBr_3} C_6H_5{-}Br + HBr$$

当苯环上有烷基时,卤素一般取代苯环的邻位或对位。例如:

$$H_3C{-}C_6H_5 + Cl_2 \xrightarrow[\triangle]{Fe} H_3C{-}C_6H_4{-}Cl\ (对位) + C_6H_4(CH_3)(Cl)\ (邻位)$$

2. 侧链上的取代反应

在光照或加热条件下,甲苯的卤代反应发生在苯环的侧链上,优先取代侧链的 α-H。例如:

$$H_3C{-}C_6H_5 + Cl_2 \xrightarrow{光照或加热} Cl{-}CH_2{-}C_6H_5$$

$$(CH_3)_2CH{-}C_6H_5 + Cl_2 \xrightarrow{光照或加热} Cl{-}C(CH_3)_2{-}C_6H_5$$

(二)硝化反应

苯与混酸(浓硝酸与浓硫酸的混合物)作用时,硝基($-NO_2$)取代苯环上的氢原子,生成硝基苯。在这个反应中浓硫酸既是催化剂,又是脱水剂。

$$C_6H_6 + HNO_3(浓) \xrightarrow{浓\ H_2SO_4} C_6H_5{-}NO_2 + H_2O$$

苯环上单硝基取代后,一般情况下不再继续发生硝化反应,如果需要继续硝化,就需使用发烟硝酸和发烟硫酸。

$$C_6H_5{-}NO_2 + HNO_3(发烟) \xrightarrow{发烟\ H_2SO_4} C_6H_4(NO_2)_2\ (间位) + H_2O$$

烷基苯比苯容易进行硝化反应,反应一般生成邻位和对位产物。例如:

$$H_3C{-}C_6H_5 + HNO_3(浓) \xrightarrow[30\ ℃]{浓\ H_2SO_4} H_3C{-}C_6H_4{-}NO_2\ (对位) + C_6H_4(CH_3)(NO_2)\ (邻位)$$

甲苯与浓硝酸和浓硫酸的混合酸在一定条件下也可以发生反应,生成2,4,6-三硝基甲苯。

$$\text{C}_6\text{H}_5\text{CH}_3 + \text{HNO}_3(\text{浓}) \xrightarrow[\triangle]{\text{浓 } H_2SO_4} \text{2,4,6-}(O_2N)_3C_6H_2CH_3 + H_2O$$

2,4,6-三硝基甲苯简称三硝基甲苯(TNT)，是一种淡黄色的晶体，不溶于水，可作为烈性炸药，广泛用于国防、开矿、筑路、兴修水利等。

(三)磺化反应

苯与浓硫酸或发烟硫酸作用时，磺酸基(—SO_3H)取代苯环上的氢原子，生成苯磺酸，即芳基的磺化反应。

$$C_6H_6 + H_2SO_4(\text{浓}) \underset{}{\overset{70\sim80\ ℃}{\rightleftharpoons}} C_6H_5\text{—}SO_3H + H_2O$$

苯磺酸是一种结晶性固体，酸性强似硫酸，易溶于水。因此，常常利用磺化反应在有机物或药物中引入磺酸基，以增大其水溶性。

(四)傅克烷基化反应

在催化剂作用下，芳烃可以与烷基化试剂发生反应，苯环上的氢原子被烷基化试剂取代，这个反应称为傅克烷基化反应。傅克烷基化反应常用的催化剂有路易斯酸($FeCl_3$、$AlCl_3$等)或质子酸(HF、H_3PO_4等)，常见的试剂有卤代烷烃、烯烃、醇等。例如：

$$C_6H_6 + CH_3\overset{O}{\overset{\|}{C}}\text{—}Cl \xrightarrow[70\sim80\ ℃]{\text{无水 } AlCl_3} C_6H_5\text{—}\overset{O}{\overset{\|}{C}}CH_3 + HCl$$

二、加成反应

苯环比较稳定，一般情况不能发生加成反应，但在催化剂(如镍)、高温、高压条件下，苯可以发生加成反应。例如：

$$C_6H_6 + 3H_2 \xrightarrow[180\sim250\ ℃]{Ni} C_6H_{12}$$

环己烷

$$C_6H_6 + 3Cl_2 \xrightarrow{\text{紫外光}} C_6H_6Cl_6$$

六氯环己烷(六六六)

三、氧化反应

苯在常温常压下不易被氧化，但在含侧链的烷基苯中，受苯环影响，侧链的 α-H 变得比较活泼，易被氧化。所以在酸性高锰酸钾条件下，侧链被氧化成羧基。例如：

$$—CH_3 \xrightarrow[H^+]{KMnO_4} —COOH$$

$$—\underset{\underset{CH_3}{|}}{CH}—CH_3 \xrightarrow[H^+]{KMnO_4} —COOH$$

$$H_3C— —CH_2CH_3 \xrightarrow[H^+]{KMnO_4} HOOC— —COOH$$

若烷基苯的侧链不含 α-H，则侧链不发生氧化。例如：

$$H_3C— —C(CH_3)_3 \xrightarrow[H^+]{KMnO_4} HOOC— —C(CH_3)_3$$

对叔丁基甲苯　　　　对叔丁基苯甲酸

任务 5.4　多环芳烃

多环芳烃是指含 2 个或 2 个以上苯环的芳烃。根据苯环的连接方式不同，多环芳烃分为联苯和联多苯类、多苯代脂肪烃类和稠环芳烃类。

一、联苯和联多苯类

这类多环芳烃是由 2 个及以上的苯环以 σ 键连接而成的化合物。联苯及联多苯类化合物都是以联苯为母体来命名的。例如：

3 2　1 1′　2′ 3′　4　4′　5 6　6′ 5′

联苯　　1,4-联三苯

二、多苯代脂肪烃

这类多环芳烃可看作脂肪烃分子中的氢原子被 2 个及以上的苯基取代而形成的化合物。此类化合物以苯基为取代基、脂肪烃为母体来命名。例如：

$—CH_2—$　　$—CH—$

二苯甲烷　　三苯甲烷

三、稠环芳烃

稠环芳烃是指由 2 个或 2 个以上苯环共用 2 个相邻碳原子稠合而成的多环化合物。

(一)萘

萘是煤焦油中含量最多的化合物，高温煤焦油含萘约10%。萘为白色片状晶体，熔点80 ℃，沸点218 ℃，可升华，不溶于水，能溶于乙醇、乙醚和苯等有机溶剂。萘有特殊气味，有防虫作用，市场上出售的卫生球就是萘的粗制品。

萘的分子式为$C_{10}H_8$，由2个苯环共用相邻2个碳原子稠合而成。萘的构造式和环上碳原子的编号如下，其中1、4、5、8位碳原子相同，称为α位；2、3、6、7位碳原子相同，称为β位。

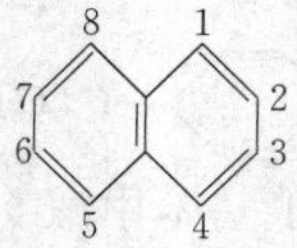

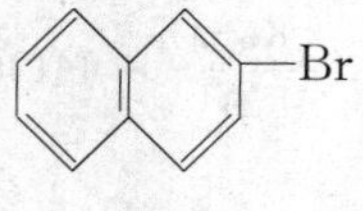

β-溴萘 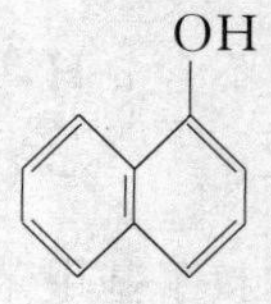　　α-萘酚

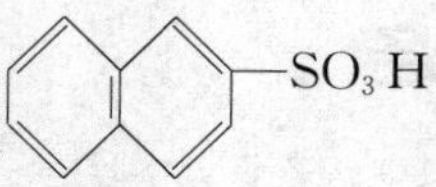

β-萘磺酸 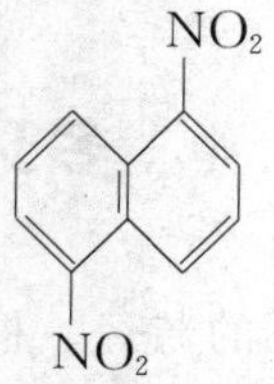　　1,5-二硝基萘 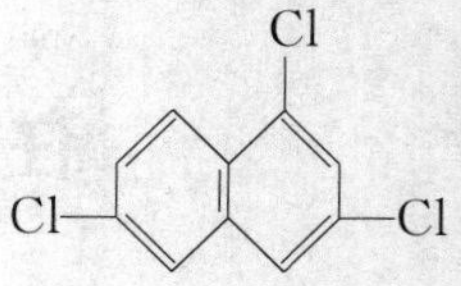　　1,3,6-三氯萘

(二)蒽和菲

蒽和菲都存在于煤焦油中，分子式皆为$C_{14}H_{10}$，由3个苯环稠合而成，二者互为同分异构体。蒽和菲的结构与萘相似，分子中所有的原子都在同一平面上，是闭合的共轭体系，分子中各碳原子的编号是固定的。其中，1、4、5、8位的碳原子相同，称为α位；2、3、6、7位的碳原子相同，称为β位；9、10位的碳原子相同，称为γ位。

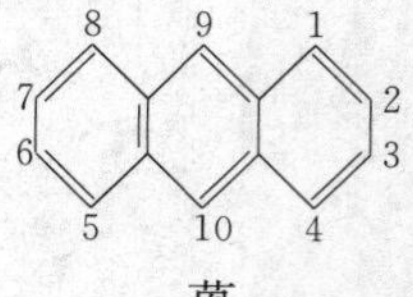

蒽 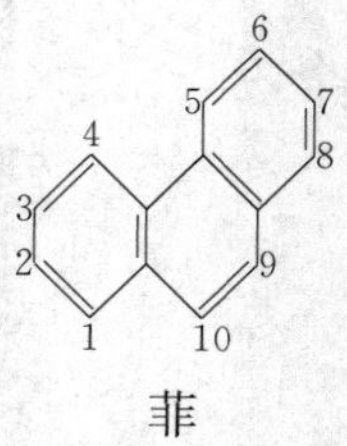　　菲

(三)其他稠环芳烃

芳烃主要来自煤焦油，现已从煤焦油中分离出几百种稠环芳烃，其中茚、芴和苊是脂环和芳环相稠和的芳烃；四苯、五苯及芘是高级稠环芳烃。

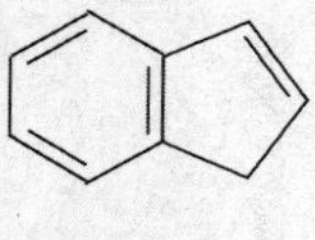

茚 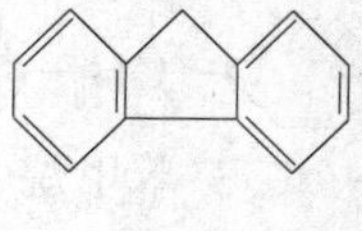　　芴 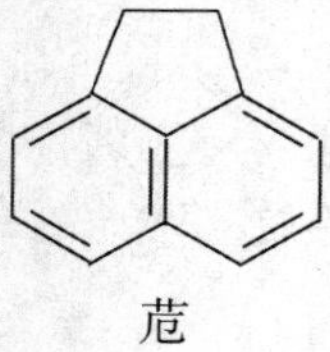　　苊 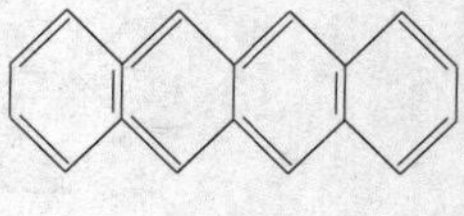　　四苯

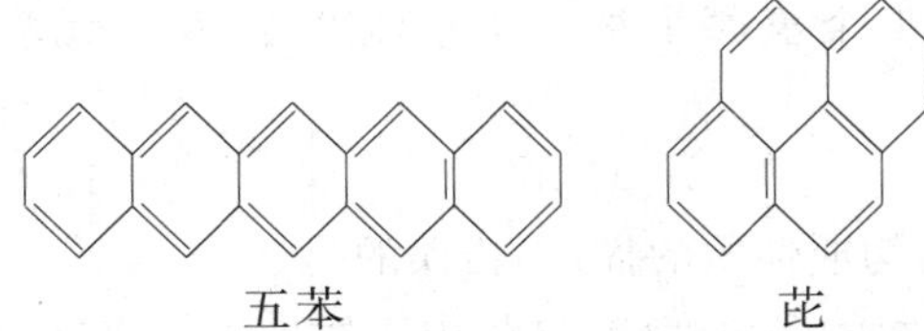

五苯　　　　　　　　芘

此外，还有有显著致癌作用的稠环芳烃，简称致癌烃，多是蒽或菲的衍生物。例如：

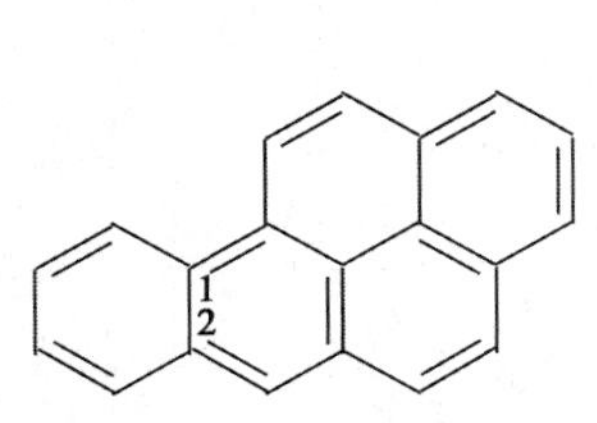

1,2-苯并芘

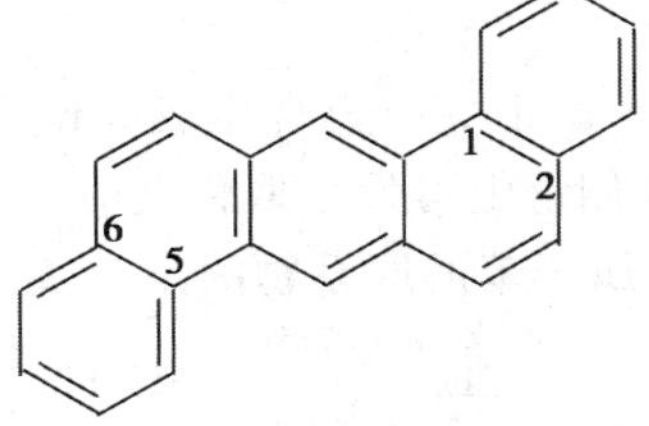

1,2,5,6-二苯并蒽

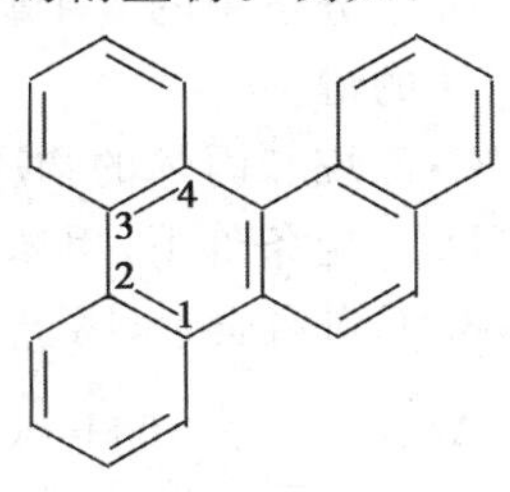

1,2,3,4-二苯并菲

多环芳烃类的致癌物质来源于各种烟尘，包括煤烟、油烟、柴草烟等。

习题5

一、选择题

1. 下列有关芳香烃的说法，正确的是(　　)。

A. 具有芳香气味的烃　　B. 分子里含有苯环的各种有机化合物的总称

C. 苯和苯的同系物的总称　　D. 分子里含有1个或多个苯环的烃

2. 苯和甲苯相比较，下列叙述中不正确的是(　　)。

A. 都属于芳香烃　　B. 都能使酸性高锰酸钾溶液褪色

C. 都能在空气中燃烧　　D. 都能发生取代反应

3. 下列有关甲苯的实验事实中，能说明侧链对苯环性质有影响的是(　　)。

A. 甲苯能与浓硝酸反应生成三硝基甲苯

B. 甲苯能使酸性高锰酸钾溶液褪色(生成 C_6H_5—COOH)

C. 甲苯燃烧能产生带浓烟的火焰

D. 1 mol 甲苯与 3 mol H_2 发生加成反应

4. 下列物质中属于苯的同系物的是(　　)。

A. 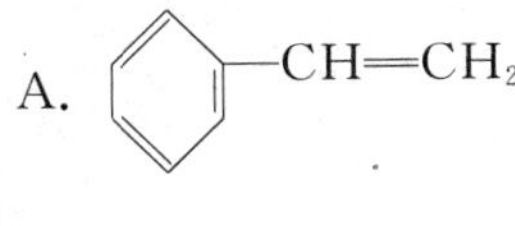

B. 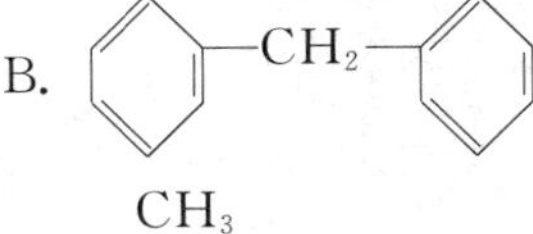

C. 

CH_3

D. 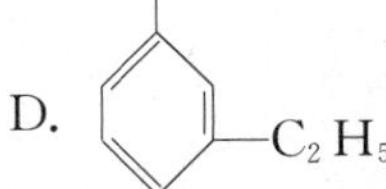

5. 下面是某同学设计的用于鉴别苯和苯的同系物的试剂或方法，其中最合适的是(　　)。

A. 液溴和铁粉　　B. 浓溴水　　C. 酸性 $KMnO_4$ 溶液　　D. 在空气中点燃

6. 间二甲苯苯环上的 1 个氢原子被—NO_2 取代后，其一元取代产物的同分异构体有(　　)种。

A. 1　　B. 2　　C. 3　　D. 4

7. 下列对有机化合物结构或性质的描述，错误的是(　　)。

A. 将溴水加入苯中，溴水的颜色变浅，这是由于发生了加成反应

B. 苯分子中的 6 个碳原子之间的键完全相同，是一种介于碳碳单键和碳碳双键之间独特的键

C. 乙烷和丙烯的物质的量共 1 mol，完全燃烧生成 3 mol H_2O

D. 一定条件下，甲苯的苯环或侧链上可发生取代反应

8. 下列物质中，属于芳香烃且属于苯的同系物的是(　　)。

A. C_6H_5—$CH=CH_2$　　B. C_6H_5—C_2H_5

C. C_6H_5—C_6H_5　　D. $CH\equiv C—C\equiv CH$

9. 能使溴水发生化学反应而褪色，也能使酸性高锰酸钾溶液褪色的是(　　)。

A. C_6H_6　　B. C_6H_{14}　　C. CH_3CH_2OH　　D. C_6H_5—$CH=CH_2$

10. 苯乙烯是重要的化工原料，下列有关苯乙烯的说法错误的是(　　)。

A. 与液溴混合后加入铁粉可发生取代反应　　B. 能使酸性高锰酸钾溶液褪色

C. 与氯化氢反应可以生成氯代苯乙烯　　D. 在催化剂存在下可以制得聚苯乙烯

二、用系统命名法命名下列有机化合物

(1) C_6H_5—$C(CH_3)_3$　　(2) C_6H_5—$CH=CHCH_3$　　(3) C_6H_5—$C\equiv CH$

(4) 苯环上 CH_3 与邻位 NO_2　　(5) 苯环上 NO_2 与间位 Cl　　(6) 苯环上两个对位 COOH

(7) 苯环上 $CH(CH_3)_2$ 与对位 SO_3H　　(8) 萘环 1 位 SO_3H

三、写出下列反应的主要产物

1. $C_6H_6 \xrightarrow[CH_3Cl]{AlCl_3}$

2. $C_6H_5CH_3 \xrightarrow[H_2SO_4(浓)]{HNO_3(浓)}$

3. $C_6H_5CH_2CH_3 \xrightarrow[光照]{Cl_2}$

项目 6　脂环烃

碳原子连接成环，其性质与开链脂肪烃相似的碳环烃称为脂环烃。单环饱和脂环烃与相同碳原子的单烯烃互为同分异构体，通式为 C_nH_{2n}。

环己烷

任务 6.1　脂环烃的分类和命名

一、脂环烃的分类

根据所含环的数目，脂环烃可分为单环脂环烃、双环脂环烃和多环脂环烃。根据成环碳原子的数目，单环脂环烃可分为小环（三、四元环）脂环烃、普通环（五、六元环）脂环烃、中环（七至十一元环）脂环烃及大环（十二元环以上）脂环烃。

环丙烷　　环己烷　　环庚烷

碳环中含不饱和键的脂环烃称为不饱和脂环烃，如环戊二烯、环己烯、环庚烯等。

环戊二烯　　环己烯　　环庚烯

在双环或多环脂环烃中，根据环间的连接方式不同，可将其分为螺环烃和桥环烃。仅共用一个碳原子的多环脂环烃称为螺环烃，共用的碳原子称为螺碳原子。共用两个或两个以上碳原子的多环脂肪烃，称为桥环烃或桥烃，处于桥两端的原子称为桥原子。

螺环烃　　桥环烃

二、脂环烃的命名

(一)单环脂环烃的命名

单环脂环烃的系统命名法与链烃相似，根据环碳原子总数称为环某烷或环某烯。环上有支链时，一般把支链当作取代基，以脂环烃为母体。当环上有两个或者两个以上烷基时，用阿拉伯数字对环上的碳原子进行编号，编号时应从简单的烷基开始，并使烷基的编号具有最小位次。例如：

甲基环丙烷　　乙基环戊烷　　1-甲基-3-乙基环己烷

环烯烃和环炔烃的命名是在相应的烯烃、炔烃名称前冠以“环”字，编号从不饱和碳原子开始，并使不饱和键和取代基位次最小。例如：

3-甲基环戊烯　　3-甲基-1，4-环己二烯

若环上取代基较复杂，也可将环看成取代基，以支链为母体进行命名。例如：

3-环丙基己烷　　5-环戊基-2-己烯

(二)螺环烃的命名

根据单螺环上碳原子的总数称之为螺某烷或螺某烯，并在“螺”字和母体名称间插入方括号，方括号中分别用阿拉伯数字标出两个碳环上除螺原子外的碳原子数目，顺序是从小环到大环，数字之间用圆点“.”隔开。有取代基时，要将螺环编号，编号从小环邻接螺原子的碳原子开始，先编小环，再经螺原子编大环，在此基础上，要使官能团和取代基的位次最小。

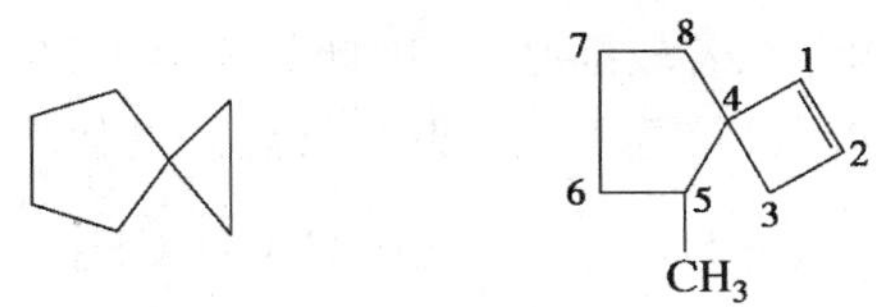

螺[2.4]庚烷　　5-甲基螺[3.4]-1-辛烯

(三)桥环烃的命名

(1)编号。环碳原子的编号从一个桥头碳原子开始，沿最长的桥路到第二个桥头碳原子，再沿次长桥编到原桥头碳，最后给最短的桥路编号，并注意使取代基位次最小。

(2)以二(双)环或三环等作为词头，母体由环中所含碳原子的总数表示，称为某烷或某烯。

(3)书写。取代基写在前，再写“某环”，然后在词头与母体名称间插入方括号，方括号内用阿拉伯数字标明每一条桥上的碳原子数(不包括桥头碳原子)，数字从大到小排列，数字之间用

"."隔开。例如：

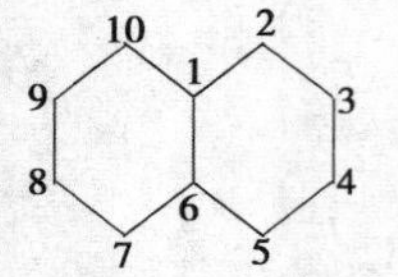

二环[4.4.0]癸烷 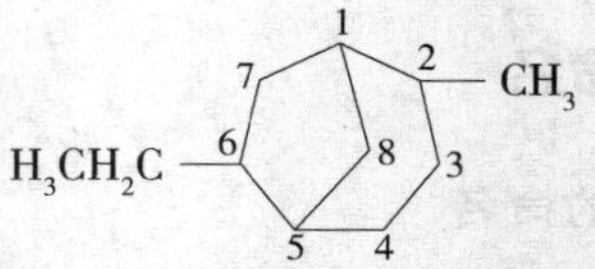　　　2-甲基-6-乙基二环[3.2.1]辛烷

思考与讨论

你能给下列有机化合物命名吗？

（1）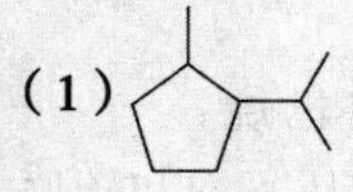　（2）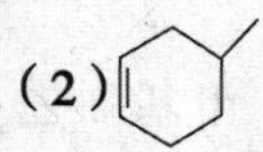　（3）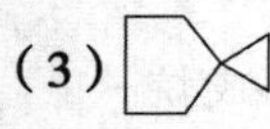　（4）

任务 6.2　脂环烃的性质

一、环烷烃的性质

一般环烷烃的化学性质与烷烃相似，如在室温下与氧化剂（如高锰酸钾）等不发生反应，而在光照或在较高温度下可与卤素发生自由基取代反应。例如：

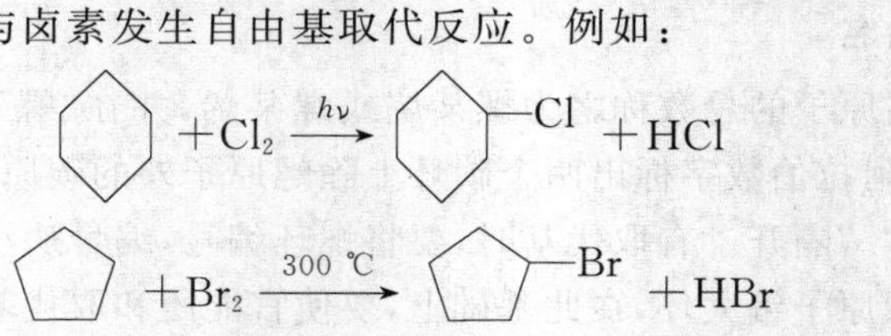

$$+Cl_2 \xrightarrow{h\nu} \text{—Cl} + HCl$$

$$+Br_2 \xrightarrow{300\ ℃} \text{—Br} + HBr$$

小环环烷烃，由于碳环结构存在着较强张力，因此易发生开环反应，形成相应的链状化合物。而在相同条件下，环戊烷和环己烷等不发生开环反应。例如：

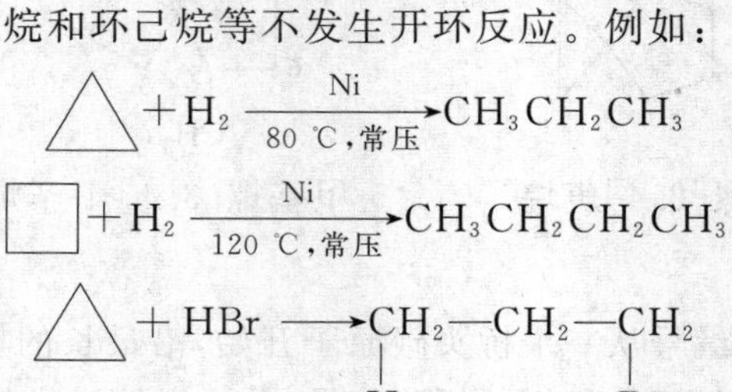

$$+H_2 \xrightarrow[80\ ℃，常压]{Ni} CH_3CH_2CH_3$$

$$+H_2 \xrightarrow[120\ ℃，常压]{Ni} CH_3CH_2CH_2CH_3$$

$$+HBr \longrightarrow \underset{H}{CH_2}—CH_2—\underset{Br}{CH_2}$$

含侧链的环丙烷与卤化氢加成时，开环发生在环上含氢最多和含氢最少的两个碳原子之间，与卤化氢的加成遵循马氏规则（氢原子与含氢较多的碳原子结合，而卤素原子则加到含氢较少的碳原子上）。

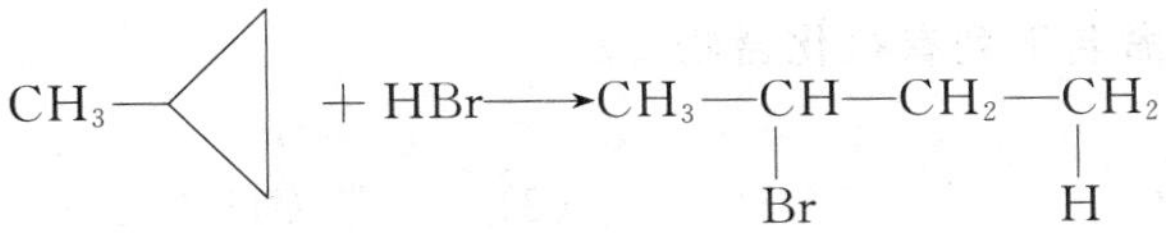

$$CH_3\text{—}(\text{cyclopropane ring}) + HBr \longrightarrow CH_3\text{—}\underset{\substack{|\\Br}}{CH}\text{—}CH_2\text{—}\underset{\substack{|\\H}}{CH_2}$$

二、环烯烃的化学性质

环烯烃与烯烃一样,也能发生加成和氧化等反应。例如:

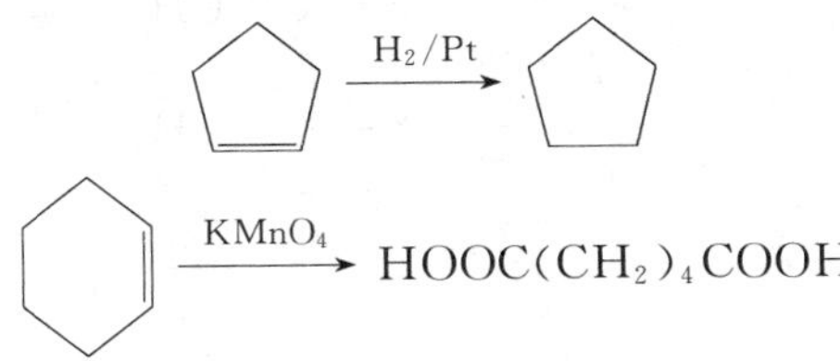

金刚烷及其衍生物

习题 6

一、选择题

1. 经催化加氢后能得到丁烷的有机化合物是(　　)。

A. 环丁烷　　B. 2-甲基丙烷　　C. 2-甲基—1-丙烯　　D. 2-丁烯

2. 五元环、六元环比三元环、四元环稳定,是因为(　　)。

A. 碳原子数多　　B. 环张力大

C. 环张力小　　D. 碳碳键的弯曲程度大

3. 在下列有机化合物中,不能使溴水的红棕色褪去的是(　　)。

A. 丁烯　　B. 丙烷　　C. 环丙烷　　D. 丙炔

4. 马氏规则不适用于(　　)。

A. 烯烃的加成反应　　B. 炔烃的加成反应

C. 小环烷烃的开环加成反应　　D. 取代反应

5. 有机化合物 　　可命名为(　　)。

A. 环丙烷　　B. 1-甲基环丙烷　　C. 1,1-二甲基环丙烷　　D. 环戊烷

6. 与环丁烷互为同分异构体的有机化合物是(　　)。

A. 丁烷　　B. 1-丁烯　　C. 2-甲基丁烯　　D. 2-甲基丙烷

7. 下列有机化合物中,属于螺环烃的是(　　),属于桥环烃的是(　　)。

A.

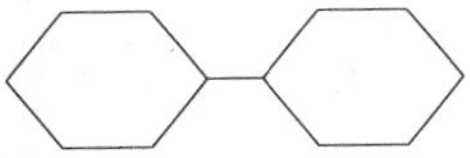

B. 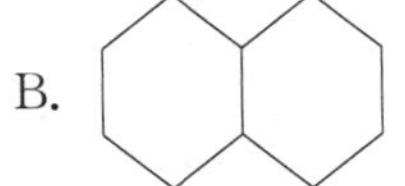

C.

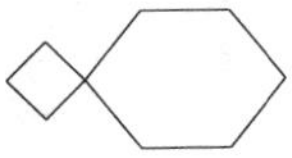

D. 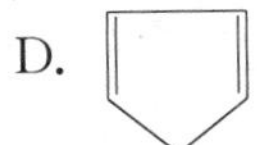

二、用系统命名法命名下列有机化合物

(1) CH_3 CH_3

(2) $-CH(CH_3)_2$

(3) $-CH_3$ $-CH_2CH_3$

(4) $-CH_3$

(5)

(6) CH_3 CH_3

三、写出下列反应的主要产物

(1) $+Cl_2 \xrightarrow{\text{光照}}$

(2) CH_3 CH_3 $+HCl \longrightarrow$

(3) $+Br_2 \xrightarrow{\triangle}$

(4) $+KMnO_4 \xrightarrow[\triangle]{H^+}$

(5) $+H_2 \xrightarrow{Ni}$

(6) $+H_2 \xrightarrow{Ni}$

项目 7　卤代烃

卤代烃是指烃分子中的一个或多个氢原子被卤素原子取代而生成的化合物。卤代烃常用 R—X 表示，其中，R 为烃基，X 为官能团，包括氟、氯、溴、碘等。

制冷剂

任务 7.1　卤代烃的分类和命名

卤代烃分子中的 C—X 键是极性键，性质较活泼，能发生多种化学反应，是有机合成中的重要中间体。同时，卤代烃广泛应用于农业、医药等领域。

一、卤代烃的分类

卤代烃可根据不同的分类方法进行分类。

(1)根据分子中所含卤素的种类，卤代烃可分为氟代烃、氯代烃、溴代烃和碘代烃，最为常见的是氯代烃和溴代烃。

(2)根据分子中所含卤素原子的数目，卤代烃可分为一元卤代烃、二元卤代烃和多元卤代烃。

(3)根据卤素原子连接的烃基不同，卤代烃可分为饱和卤代烃、不饱和卤代烃和芳香族卤代烃。

$CH_3—F$	$\underset{\underset{Br}{\mid}}{CH}=\underset{\underset{Br}{\mid}}{CH}$	苯环上连有三个相邻的 Cl（Cl、Cl、Cl）
氟代烃 一元卤代烃 饱和卤代烃	溴代烃 二元卤代烃 不饱和卤代烃	氯代烃 多元卤代烃 芳香族卤代烃

二、卤代烃的命名

(一)普通命名法

简单的卤代烃可用普通命名法命名，即以卤素原子上连接的烃基来命名，称为“某基卤”，例如：

Br　　　　　　Cl

丁基溴　　　　苄基氯

也可在母体烃前面加“卤代”，“代”字常省略，称为“卤(代)某烃”。例如：

CH_3Cl	CH_3CH_2Br	$CH_2═CH—Cl$	C_6H_5Cl
一氯甲烷	溴乙烷	氯乙烯	氯苯

(二)系统命名法

结构比较复杂的卤代烃常用系统命名法命名，以相应的烃为母体，以卤原子为取代基，按烃的系统命名法命名。

1. 卤代烷烃的命名

选择包含卤素原子的最长碳链为主链，把卤素原子看成取代基，根据主链碳原子数称为“某烷”。其他命名原则与烷烃的命名原则基本相同，命名时把支链或取代基的位次、数目、名称写在母体名称之前，取代基按照次序规则排列。例如：

$CH_3CH_2CHCH_3$（2位连 Br）　　2-溴丁烷

$CH_3C(Cl)(Br)—C(Br)(Cl)CH_3$　　2,3-二氯-2,3-二溴丁烷

$CH_3—C(CH_3)(Cl)—CH(Br)—C(CH_3)(Br)CH_2CH_3$　　2,4-二甲基-2-氯-3,4-二溴己烷

2. 卤代烯烃的命名

选择含有双键的最长碳链为主链，编号使双键的位次尽可能小。例如：

Br　　　　Cl Cl

1-溴-1-丁烯　　5,5-二氯-2-戊烯

卤代炔烃的命名与卤代烯烃的命名类似。

3. 卤代芳烃的命名

命名卤代芳烃时，既可以将芳烃作为母体，也可以将脂肪烃作为母体。例如：

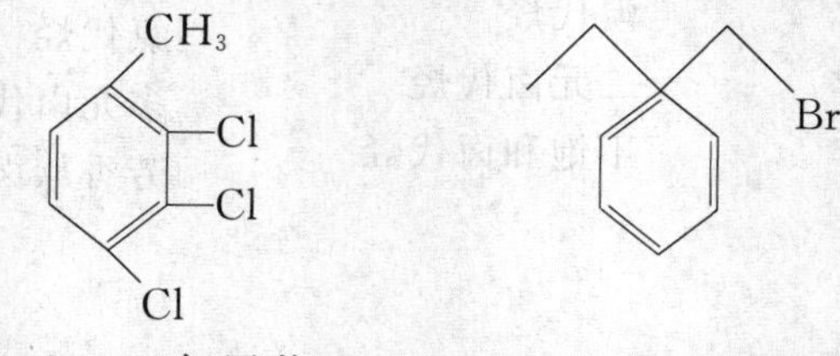

1,2,3-三氯甲苯　　2-苯基-1-溴丁烷

任务 7.2　卤代烃的性质

一、物理性质

1. 物态

常温常压下，氯甲烷、溴甲烷、氯乙烷为气态，其他的低级卤代烃多为液态，高级卤代烃或某些多元卤代烃为固态。

2. 溶解性

尽管卤代烃分子多数具有极性，但它们都不溶于水，而易溶于醇、醚、烃等有机溶剂。四氯甲烷、氯仿常用作溶剂，从水溶液中提取、分离有机化合物。

3. 相对密度

一氯代烷密度小于 1，比水轻；一溴代烷和一碘代烷密度大于 1，比水重。在同系列中，卤代烷的相对密度随着碳原子数的增加而减小。

4. 颜色与气味

卤代烃大都具有一种特殊气味，其蒸气有毒，使用时要特别小心。纯净的卤代烃是无色的。

二、化学性质

卤素原子是卤代烃的官能团。由于卤素原子吸电子的能力较强，使得共用电子对偏移，C—X 键具有较强的极性，因此卤代烃的反应活性增强。

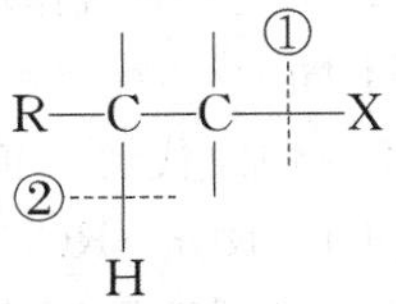

```
         |    |  ①
     R—C—C—┼—X
   ②┄┼    |
         H
```

受卤素原子影响，卤代烃的化学反应主要发生在①、②位：

①C—X 键断裂，X 被其他原子或官能团取代；与金属 Mg 形成 Mg—X 键。

②β-H 比较活泼，C—H 键与 C—X 键同时断裂，形成不饱和键。

本节着重讨论卤代烃的化学性质，下面以溴乙烷为例来学习卤代烃的主要化学性质。

(一)取代反应

卤代烃在极性溶剂作用下，容易发生断裂，卤素原子被其他原子或基团取代。

1. 水解(被羟基取代)

溴乙烷与氢氧化钠(或氢氧化钾)水溶液共热，卤素原子被羟基取代生成醇和溴化钠。

$$C_2H_5—Br + NaOH \xrightarrow[\triangle]{水} C_2H_5—OH + NaBr$$

此反应是制备醇的常用方法。

2. 醇解(被烷氧基取代)

溴乙烷可以与醇钠在加热条件下发生反应，卤素原子被烷氧基取代生成相应的醚。

$$H_3C—CH_2—Br + \underset{\displaystyle CH_3}{CH_3CHO}—Na \xrightarrow{\triangle} H_3C—CH_2—O—\underset{\displaystyle CH_3}{CH}—CH_3 + NaBr$$

这个合成醚的方法被称为威廉逊合成法，是制备混醚或环醚的较好方法。

3. 氰解(被氰基取代)

溴乙烷可以与 NaCN 等氰化物的醇溶液发生氰解反应，氰基取代溴原子生成腈和溴化钠。

$$H_3C—CH_2—Br + NaCN \xrightarrow[\triangle]{乙醇} H_3C—CH_2—CN + NaBr$$

生成物腈比卤代烃多一个碳原子，因此氰解是增长碳链的方法之一。腈可进一步转变为胺类、羧酸和酯。注意，氰化钠(或氰化钾)有剧毒，使用时要特别小心。

$$RCN \xrightarrow{[H]} RCH_2NH_2$$
$$RCN \xrightarrow{H^+, H_2O} RCOOH$$
$$RCN \xrightarrow{H^+, R'OH} RCOOR'$$

4. 被硝酸根取代

溴乙烷可以与 $AgNO_3$ 的醇溶液反应生成溴化银沉淀和硝酸乙酯。此反应可用于卤代烃的鉴别。

$$C_2H_5—Br + AgNO_3 \xrightarrow{乙醇} \underset{硝酸乙酯}{C_2H_5ONO_2} + \underset{溴化银}{AgBr\downarrow}$$

在反应中，不同卤代烃的反应活性不同：

叔卤代烃＞仲卤代烃＞伯卤代烃

RI＞RBr＞RCl

在反应过程中，叔卤代烃反应最快，在常温下即可出现沉淀；仲卤代烃反应较慢，伯卤代烃在加热的条件下才能反应。因此，通过这一性质，可以鉴别伯、仲、叔 3 种不同的卤代烃。

5. 被氨基取代

溴乙烷可以与氨作用，卤素原子被氨基取代生成胺。

$$C_2H_5Br + NH_3 \longrightarrow C_2H_5NH_2 + HBr$$
$$C_2H_5NH_2 \xrightarrow{C_2H_5Br} (C_2H_5)_2NH + HBr$$
$$(C_2H_5)_2NH \xrightarrow{C_2H_5Br} (C_2H_5)_3N + HBr$$

(二)与金属镁反应

卤代烃能与多种金属反应，生成一类含有碳金属键(C—M)的化合物，这类化合物被称为有机金属化合物。有机金属化合物非常活泼，在有机合成中起着非常重要的作用。

在绝对乙醚(无水、无醇的乙醚)中，卤代烷可与金属镁反应生成烷基卤化镁。烷基卤化镁又称格林雅试剂，简称格氏试剂，通式为 RMgX。

$$H_3C—CH_2—X + Mg \xrightarrow{\text{绝对乙醚}} H_3C—CH_2—MgX$$

用卤代烷合成格氏试剂时，卤代烷的反应活性是：RI>RBr>RCl。但由于碘代烷价格较贵，氯代烷活性较小，故合成格氏试剂时，常用反应活性适中的溴代烷。

格氏试剂能发生多种化学反应，在有机合成中用途十分广泛。格氏试剂十分活泼，易与空气中的二氧化碳、水蒸气等发生反应。因此，格氏试剂必须保存在绝对乙醚中，一般使用时应现用现制，且在制备格氏试剂时，除需要干燥仪器和试剂外，还应尽量避免与空气接触，不能用含有活泼氢的化合物作溶剂。

格氏试剂可以被水、醇、酸、氨等含活泼氢的物质分解，生成相应的烷烃。

$$RMgX \xrightarrow{H_2O} RH + Mg(OH)X$$

$$RMgX \xrightarrow{NH_3} RH + Mg(NH_2)X$$

$$RMgX \xrightarrow{ROH} RH + Mg(OR)X$$

$$RMgX \xrightarrow{R'COOH} RH + R'COOMgX$$

(三)消除反应

卤代烃在碱的醇溶液中加热，相邻的两个碳原子消去一分子卤化氢而生成烯烃。这种从有机物分子中相邻的两个碳原子上脱去卤化氢或水等小分子，生成不饱和化合物的反应称为消除反应，亦称消去反应，用 E 表示。卤代烃在碱的醇溶液中共热，可发生消除反应，使分子中的 C—X 键和 β-C—H 键发生断裂，脱去一分子卤化氢而生成烯烃。如将溴乙烷与强碱(NaOH 或 KOH)的乙醇溶液共热，溴乙烷不再像在 NaOH 的水溶液中那样发生取代反应，而是从溴乙烷分子中脱去 HBr，生成乙烯。

$$\underset{\displaystyle H}{\underset{|}{CH_2}}—\underset{\displaystyle Br}{\underset{|}{CH_2}} + NaOH \xrightarrow[\triangle]{\text{乙醇}} CH_2{=}CH_2\uparrow + NaBr + H_2O$$

实验表明，卤代烃在发生消除反应时，如果含有不同的 β-H，则主要脱去含氢较少的 β-碳原子上的氢原子，从而生成含烷基较多的烯烃，这一经验规律称为查依采夫规则。例如：

$$H_3C—\overset{\displaystyle H}{\overset{|}{\underset{\displaystyle CH_3}{\underset{|}{C}}}}—\overset{\displaystyle Br}{\overset{|}{CH}}—CH_3 \xrightarrow[\triangle]{NaOH/C_2H_5OH} H_3C—\underset{\displaystyle CH_3}{\underset{|}{C}}{=}CH—CH_3 + HBr$$

任务 7.3 重要的卤代烃

一、三氯甲烷($CHCl_3$)

三氯甲烷俗称氯仿,分子式为 $CHCl_3$,是甲烷分子中 3 个氢原子被氯取代而生成的化合物。三氯甲烷是一种无色、味甜、有特殊气味的透明液体,易挥发,不溶于水,可溶于乙醚、乙醇、苯等有机溶剂。三氯甲烷本身也是优良的有机溶剂,能溶解油脂、蜡、有机玻璃和橡胶等,常用来提取中草药中的有效成分、精制抗生素等。三氯甲烷还具有麻醉作用,在医学上曾被用作全身麻醉剂,但因其蒸气有毒,吸入会引起中毒,并有致癌可能性,现已禁用。

氯仿中的 C—H 键较活泼,在光照下能被空气中的氧气氧化并分解成毒性很强的光气。因此,氯仿要保存在密封的棕色瓶中,以防止与空气接触。

$$2CHCl_3 + O_2 \xrightarrow{\text{日光}} 2Cl{-}\overset{\overset{\large O}{\|}}{C}{-}Cl + 2HCl$$

光气

二、四氯化碳(CCl_4)

四氯化碳又称四氯甲烷,为无色、有特殊气味的液体,微溶于水,可与乙醇、乙醚、氯仿等混溶。四氯化碳主要用作合成原料和溶剂,能溶解脂肪、油漆、树脂、橡胶等物质,又常用作干洗剂。但它有一定的毒性,会损害肝脏,使用时应多加注意。

四氯化碳易挥发,常密封保存在棕色试剂瓶中,经实验发现,用水液封保存四氯化碳不易挥发,能长久贮存。向四氯化碳中加入少量水,水浮在上层形成一层与四氯化碳同样无色的液封。

四氯化碳不能燃烧,其蒸气比空气重,不导电,因此它的蒸气可覆盖燃烧物体,使之与空气隔绝而达到灭火的效果。四氯化碳适用于扑灭油类的燃烧和电源附近的火灾,是一种常用的灭火剂,但在 500 ℃以上的高温时,四氯化碳遇水能产生剧毒物质光气。

$$CCl_4 + H_2O \xrightarrow{\text{高温}} Cl{-}\overset{\overset{\large O}{\|}}{C}{-}Cl + 2HCl$$

光气

所以用四氯化碳灭火时,要注意空气流通,以防中毒。现在世界上许多国家已禁止使用这种灭火剂。

三、四氟乙烯和聚四氟乙烯

四氟乙烯,分子式为 C_2F_4,常温下为无色无臭的气体,沸点为 −76.3 ℃,不溶于水,可溶于有机溶剂。在过硫酸铵的引发下，四氟乙烯可聚合成聚四氟乙烯。聚四氟乙烯的相对分子质量较大，低的数十万，高的达千万以上，有优良的耐热性、耐腐蚀性、电绝缘性、抗老化耐力和耐寒性，可在－100～300 ℃使用，耐强酸、强碱、元素氟和“王水”等，机械强度高，是一种非常有用的工程和医用塑料，有“塑料王”之称。

$$nF_2C{=}CF_2 \xrightarrow{(NH_4)_2S_2O_8} \left[\!\!-\,\underset{\displaystyle F}{\overset{\displaystyle F}{\underset{|}{\overset{|}{C}}}}-\underset{\displaystyle F}{\overset{\displaystyle F}{\underset{|}{\overset{|}{C}}}}\,-\!\!\right]_n$$

习题7

一、选择题

1. 下列物质中，不属于卤代烃的是(　　)。

A. 氯乙烯　　B. 溴苯　　C. 四氯化碳　　D. 硝基苯

2. 绿色化学对化学反应提出了“原子经济性”的新概念。理想的原子经济性反应是原料分子中所有的原子全部转变成所需产物，不产生副产物。由此概念制取1-氯乙烷的最好方法是(　　)。

A. 乙烷与氯气反应　　B. 乙烯与氯气反应

C. 乙炔与氯化氢反应　　D. 乙烯与氯化氢反应

3. 下列物质中，不能发生消去反应的是(　　)。

① $CH_3-\underset{}{\overset{\displaystyle CH_3}{\overset{|}{C}H}}-\overset{\displaystyle Cl}{\overset{|}{C}H}-CH_3$　　② CH_2Br_2

③ $CH_3-\underset{\displaystyle CH_3}{\underset{|}{\overset{\displaystyle CH_3}{\overset{|}{C}}}}-CH_2-\underset{\displaystyle CH_3}{\underset{|}{\overset{\displaystyle CH_3}{\overset{|}{C}}}}-CH_2Cl$　　④ $CH_2{=}CHBr$

A. ①②　　B. ②④　　C. ③④　　D. ②③

4. 中国古代有“女娲补天”的传说，现代人因为氟氯代烷造成的臭氧层空洞也在进行着“补天”。下列关于氟氯代烷的说法错误的是(　　)。

5. 欲除去溴乙烷中含有的HCl，下列操作方法正确的是(　　)。

A. 加氢氧化钠水溶液，加热煮沸　　B. 加氢氧化钠醇溶液，加热煮沸

C. 加水振荡，静置后分液　　D. 加入$AgNO_3$溶液，过滤

6. 有机化合物分子 $CH_3CH{=}CHCl$ 能发生的反应有（　　）。

①取代反应；②加成反应；③消去反应；④使溴水褪色；

⑤使酸性高锰酸钾溶液褪色；⑥与 $AgNO_3$ 溶液生成白色沉淀；⑦聚合反应。

A. 以上反应均可发生　　　　B. 只有⑦不能发生

C. 只有⑥不能发生　　　　D. 只有②不能发生

7. 由 2-氯丙烷制取少量的 1，2-丙二醇时，需要经过下列哪几步反应（　　）。

A. 加成→消去→取代　　　　B. 消去→加成→水解

C. 取代→消去→加成　　　　D. 消去→加成→消去

8. 能发生消去反应，且生成物中存在同分异构体的是（　　）。

A. $CH_3—CH(Br)—CH_3$　　　　B. $CH_3CH_2C(CH_3)_2—Br$

C. （苯环）$—CH_2CH_2Cl$　　　　D. CH_3Cl

9. 下列说法中正确的是（　　）。

A. 卤代烃都难溶于水，其密度都比水的密度大

B. CH_3CH_2Cl、CH_3CHCl_2、CH_3CCl_3 发生水解反应的最终有机产物都是 CH_3CH_2OH

C. CH_3CH_2Br 与 NaOH 的水溶液反应，可生成乙烯

D. 2，3-二甲基-3-氯戊烷发生消去反应的有机产物有 3 种

10. 下图表示 4-溴环己烯所发生的 4 个不同反应。其中，产物只含有一种官能团的反应是（　　）。

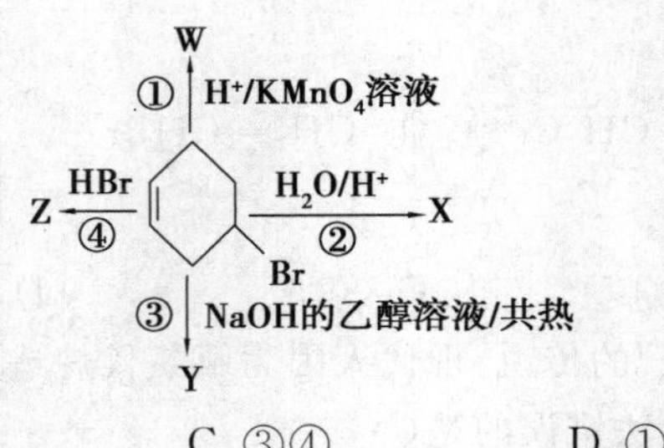

A. ①②　　　B. ②③　　　C. ③④　　　D. ①④

二、用系统命名法命名下列有机化合物

(1) $H_3C—CH(CH_3)—CH(Cl)—CH_3$

(2) $H_3C—CCl_2—CH_2—CH_2—CH_3$

(3) $H_2C{=}C(CH_3)—CH(Cl)—CH_2—CH_3$

(4) $$\begin{array}{llllll} H_3C— & C= & C— & CH_2— & CH_3 \\ & | & | & & \\ & Br & Cl & & \end{array}$$

(5) $$\begin{array}{llllll} & Cl & & & \\ & | & & & \\ H_3C— & C— & CH— & CH_2— & CH_3 \\ & | & | & & \\ & Cl & Cl & & \end{array}$$

三、写出下列有机化合物的构造式

(1)二氟二氯甲烷

(2)1-苯基-2-氯乙烷

(3)4-溴-2-戊烯

(4)1,1-二氯丁烷

(5)2-甲基-2-溴戊烷

(6)2,4-二溴甲苯

(7)3-苯基-1-氯丁烷

(8)苄基氯

项目 8 醇

醇、酚、醚都属于烃的含氧衍生物，广泛存在于自然界中，是非常重要的有机化合物，可作为溶剂（如乙醇、乙醚等）、食品添加剂（如 2,6-二叔丁基-4-甲基苯酚、薄荷醇等）、香料（如百里酚、丁香酚等）和药物（如支气管扩张药沙丁胺醇）等。

乙醇浓度与消毒效果

任务 8.1 醇的分类和命名

醇和酚是烃分子中的一个或多个氢原子被羟基(—OH)取代而衍生得到的含氧化合物。羟基与烃基或苯环侧链上的碳原子相连的化合物称为醇，一般用 R—OH 表示，醇羟基为其官能团。

一、醇的分类

1. 根据羟基的数目分类

根据醇分子中所含羟基的数目不同，可将醇分为一元醇、二元醇和多元醇。分子中含有一个羟基的，称为一元醇；分子中含有两个羟基的，称为二元醇；分子中含有两个以上羟基的，称为多元醇。

CH_3CH_2OH	$CH_2(OH)—CH_2(OH)$	$CH_2(OH)—CH(OH)—CH_2(OH)$
乙醇	乙二醇	丙三醇
一元醇	二元醇	多元醇

2. 根据烃的结构分类

根据烃的构造不同，可将醇分为脂肪醇、芳香醇；饱和醇、不饱和醇等。

环己基—OH	$CH_2=CHCH_2OH$	苯基—CH_2OH
环己醇	烯丙醇	苯甲醇
脂肪醇、饱和醇	不饱和醇	芳香醇

3. **根据碳原子类型分类**

根据碳原子类型不同，可将醇分为伯醇、仲醇和叔醇。将羟基与伯碳原子相连的醇称为伯醇；羟基与仲碳原子相连的醇称为仲醇；羟基与叔碳原子相连的醇称为叔醇。

$$R\text{—}CH_2OH \qquad R\text{—}\overset{\overset{H}{|}}{\underset{\underset{OH}{|}}{C}}\text{—}R' \qquad R\text{—}\overset{\overset{R'}{|}}{\underset{\underset{OH}{|}}{C}}\text{—}R''$$

伯醇　　仲醇　　叔醇

二、醇的命名

(一)普通命名法

一般用于结构简单的醇的命名，命名时，在烃基的名称后面加“醇”字即可。例如：

CH_3OH 甲醇　　CH_3CH_2OH 乙醇　　$CH_3CH_2CH_2OH$ 丙醇

$CH_2{=}CHCH_2OH$ 烯丙醇　　$CH_3CH_2CH_2CH_2OH$ 正丁醇

(二)系统命名法

结构较复杂的醇用系统命名法命名。

1. **饱和醇的命名**

选择包含连有羟基的碳原子在内的最长碳链为主链，把支链作为取代基，然后从靠近羟基的一端开始依次给主链碳原子编号，根据主链含碳原子数目称为“某醇”，并将支链的位次、名称及羟基的位次写在主链名称的前面。例如：

$$CH_3\overset{\overset{OH}{|}}{C}HCH_2\overset{\overset{CH_3}{|}}{C}HCH_3 \qquad CH_3\overset{\overset{C_2H_5}{|}}{C}HCH_2CH_2CH_2CH_2OH$$

4-甲基-2-戊醇　　5-甲基-1-庚醇

2. **不饱和醇的命名**

选择包含连有羟基和不饱和碳原子在内的最长碳链为主链，编号时应尽可能使羟基的位次最小。根据主链碳原子数目称为“某烯(炔)醇”，并在母体名称前面标明不饱和键及羟基的位置。例如：

$CH_2{=}CHCH_2CH_2CH_2OH$　　$C_6H_5CH{=}CHCH_2OH$

4-戊烯-1-醇　　3-苯基-2-丙烯-1-醇

3. **脂环醇的命名**

根据与羟基相连的脂环烃基命名为“环某醇”，环碳原子的编号从连有羟基的碳原子开始。例如：

环己醇　　4-甲基-1,3-环己二醇　　3-环戊烯-1-醇

4. **多元醇的命名**

选择包含多个羟基在内的最长碳链为主链，以二，三，四……表示羟基的数目，以阿拉伯数字表示羟基的位次，并把它们写在醇名称前。

$CH_2—CH_2—CH_2$（1,3 位各连 OH）

1,3-丙二醇

$CH_2—CH—CH_3$（1,2 位各连 OH）

1,2-丙二醇

$CH_2—CH—CH_2$（1,2,3 位各连 OH）

1,2,3-丙三醇

5. **芳香醇命名**

命名芳香醇时，常常把芳基作为取代基。例如：

$C_6H_5—CH(OH)—CH_3$

1-苯基乙醇

$C_6H_5—CH_2—CH_2—OH$

2-苯基乙醇

任务 8.2　醇的性质

一、物理性质

1. **物态**

C_1—C_4的低级饱和一元醇为无色液体；C_5—C_{11}的醇为黏稠液体，一般具有特殊气味；C_{12}以上的高级醇为蜡状固体，多数无臭无味。

2. **水溶性**

醇分子间能形成氢键，醇分子与水分子之间也可以形成氢键，因此醇在水中有较好的溶解性。低级醇如甲醇、乙醇、丙醇等能与水以任意比例互溶。随着醇分子中烃基部分增大，醇分子中的亲水部分(羟基)所占比例减小，醇分子与水分子间形成氢键的能力降低，醇在水中的溶解度随之降低，如正癸醇微溶于水。多元醇分子中，羟基数目较多，与水形成氢键的部位增多，故在水中的溶解度更大。乙二醇、丙三醇(俗称甘油)等有很强的吸水性，常用作吸湿剂和助溶剂，丙三醇在药物制剂及化妆品工业中的应用都较为广泛。

3. **沸点**

醇的沸点比同碳原子的烷烃要高，例如甲醇的沸点比甲烷高 226 ℃，乙醇的沸点比乙烷高

167 ℃。其原因是液态醇分子中的羟基之间可以通过氢键缔合，要使缔合的液态醇汽化为单个气体分子，除要克服分子间的范德华引力外，还需要提供更多的能量去破坏氢键(氢键键能约为 25 kJ/mol)。随着醇分子烃基增大，氢键的形成受到阻碍，醇分子间的氢键缔合程度减弱，因而沸点也与相应烷烃的沸点越来越接近。例如，正十二醇与正十二烷的沸点仅相差 25 ℃。直链饱和一元醇的沸点随碳原子数的增加而上升；碳原子数相同的一元醇，支链越多，沸点越低。

4. 生成结晶醇

低级醇能与某些无机盐形成类似结晶水的结晶醇化物。例如 $MgCl_2 \cdot 6CH_3OH$、$CaCl_2 \cdot 4C_2H_5OH$等，这种结晶醇化物称为某盐的结晶醇。这些结晶醇可溶于水，但不溶于有机溶剂。利用这一性质，可使醇与其他有机化合物分离，或从反应产物中除去少量醇类杂质。也由于这一性质，不能选择无水氯化钙等无机盐作干燥醇类物质的干燥剂。

二、醇的化学性质

醇的化学性质主要由官能团羟基(—OH)决定。由于氧的电负性比较大，氧原子形成的 C—O 键和 O—H 键有很强的极性，都可以发生断裂。C—O 键断裂主要发生取代反应；O—H 键断裂主要表现出醇的酸性；羟基氧原子上的孤对电子能接受质子，具有一定的碱性(路易斯碱)和亲核性；羟基是吸电子基团，因此醇的 α-碳原子上的氢原子(称为 α-H)也表现出一定的活性，可以发生氧化和脱氢反应。另外，在一定条件下，羟基和 β-H 可以消去，形成不饱和键。

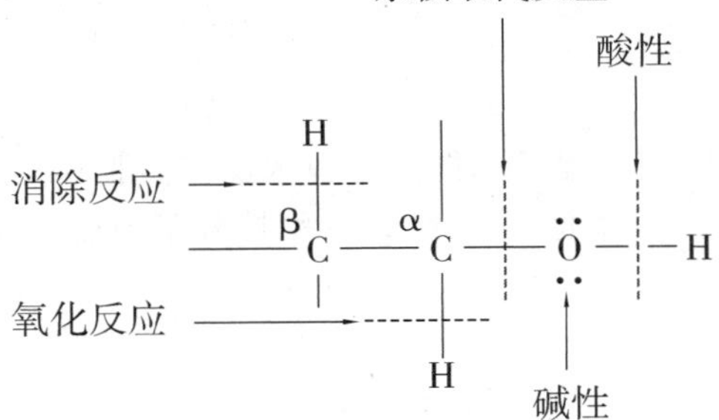

(一)与活泼金属发生反应

醇羟基中的 O—H 键为极性键，氢原子很活泼，呈现出弱酸性，故可以与活泼金属钠、钾反应生成醇盐，同时放出氢气，但反应速度比活泼金属与水反应的速度慢。

$$2RO—H + 2Na \longrightarrow 2RONa + H_2\uparrow$$

醇与金属钠反应的活性顺序为：甲醇＞伯醇＞仲醇＞叔醇。反应生成的醇钠是白色的固体，具有强的亲核性，在有机合成中常用作强碱、缩合剂和烷氧基化试剂，只能在醇溶液中保存，一旦遇水会立即与水反应游离出醇。

$$RONa + H_2O \longrightarrow ROH + NaOH$$

(二)与氢卤酸反应

醇与氢卤酸反应生成相应的卤代烃和水。

$$ROH + HX \rightleftharpoons RX + H_2O$$

此反应为可逆反应，为使反应向正反应方向进行，提高卤代烃的产量，可以增加反应物的浓度或移除生成物。在反应过程中，卤化氢可以用浓 H_2SO_4 和 NaBr 替代，例如：

$$CH_3CH_2CH_2OH \xrightarrow[\text{加热回流}]{NaBr+H_2SO_4(\text{浓})} CH_3CH_2CH_2Br$$

(三)与无机含氧酸反应

醇与无机含氧酸(如硝酸、硫酸、亚硝酸和磷酸等)反应，发生分子间脱水而生成相应的无机酸酯。

1.与硫酸反应

硫酸是二元酸，与醇反应可生成两种硫酸酯，即酸性酯和中性酯。例如：

$$H_3C—OH + H—OSO_3H \rightleftharpoons \underset{\text{硫酸氢酯}}{CH_3OSO_3H} + H_2O$$

硫酸氢酯可以继续发生反应生成硫酸二甲酯(中性硫酸酯)，例如：

$$2CH_3OSO_3H \xrightleftharpoons[\triangle]{\text{减压蒸馏}} (CH_3O)_2SO_2 + H_2SO_4$$

2.与硝酸反应

醇与硝酸反应生成硝酸酯，例如：

$$\begin{array}{l} H_2C—OH \\ \quad| \\ HC—OH \\ \quad| \\ H_2C—OH \end{array} + 3HO—NO_2 \xrightarrow{H_2SO_4(\text{浓})} \underset{\text{三硝酸甘油酯}}{\begin{array}{l} H_2C—ONO_2 \\ \quad| \\ HC—ONO_2 \\ \quad| \\ H_2C—ONO_2 \end{array}} + 3H_2O$$

三硝酸甘油酯

(四)脱水反应

醇在浓硫酸或氧化铝的催化作用下，能发生脱水反应。脱水方式有两种：一种是分子内脱水生成不饱和烃，在相对较高的温度下进行；另一种是分子间脱水生成醚，在相对较低的温度下进行。例如：

分子内脱水：

$$\begin{array}{l} CH_2—CH_2 \\ | \qquad\ | \\ H \qquad OH \end{array} \xrightarrow[\text{或 } Al_2O_3,360\ ℃]{\text{浓 } H_2SO_4,170\ ℃} CH_2=CH_2 + H_2O$$

分子间脱水：

$$CH_3CH_2—OH + H—OCH_2CH_3 \xrightarrow[\text{或 } Al_2O_3,240\ ℃]{\text{浓 } H_2SO_4,140\ ℃} \underset{\text{乙醚}}{CH_3CH_2OCH_2CH_3} + H_2O$$

醇在发生分子内脱水反应时，与卤代烷脱卤化氢相似，遵循查依采夫规则，即脱去羟基和与它相邻的含氢较少的碳原子上的氢原子，生成双键上连有取代基最多的烯烃。例如：

$$\begin{array}{l} CH_3CH_2CHCH_3 \\ \qquad\qquad | \\ \qquad\quad\ OH \end{array} \xrightarrow[100\ ℃]{H_2SO_4(66\%)} CH_3CH=CHCH_3 + H_2O$$

$$C_6H_5-CH_2CH(CH_3)OH \xrightarrow{H^+} C_6H_5-CH=CHCH_3 + H_2O$$

(五)氧化反应

受羟基影响，醇分子中的 α-H 较活泼，可以被多种氧化剂氧化，醇的结构不同、氧化剂不同，氧化产物也各异。

1. 强氧化剂氧化

在重铬酸钾、酸性高锰酸钾等强氧化剂的作用下，伯醇可以先被氧化成醛，再进一步被氧化成羧酸；仲醇可以被氧化成酮，酮比较稳定，在同样条件下不易继续被氧化；叔醇没有α-H，不能直接氧化成醛、酮。

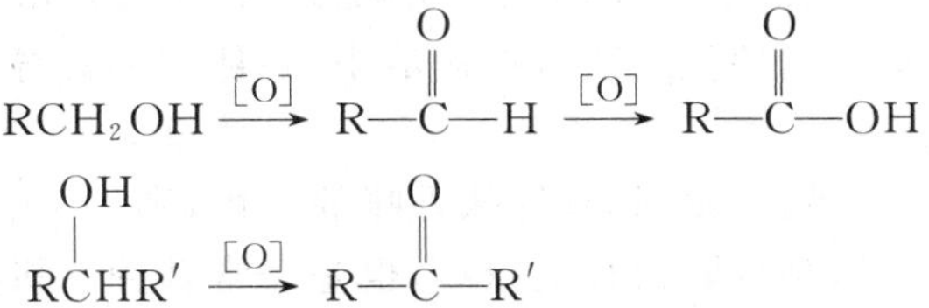

醇的氧化反应的应用

2. 催化脱氢氧化

在铜、银等弱氧化剂的作用下，伯醇、仲醇的蒸气在高温下可以被氧化为相应的醛和酮。

$$RCH_2OH \underset{300\ ℃}{\overset{Cu}{\rightleftharpoons}} R-\overset{O}{\overset{\|}{C}}-H$$

$$R\overset{OH}{\overset{|}{C}}HR' \underset{300\ ℃}{\overset{Cu}{\rightleftharpoons}} R-\overset{O}{\overset{\|}{C}}-R'$$

3. 选择性氧化

琼斯试剂(H_2SO_4/CrO_3)和活性二氧化锰等氧化剂活性较低，能选择性氧化不饱和醇中的羟基，而不氧化碳碳双键、碳碳三键，因此可用伯醇制备醛或用不饱和醇制备相应的不饱和醛、酮。例如：

$$\text{HO-环戊烯-OH} \xrightarrow{H_2SO_4/CrO_3} \text{O=环戊烯=O}$$

任务 8.3 重要的醇

一、甲醇

甲醇(CH_3OH)是结构最为简单的饱和一元醇，最早由木材干馏得到，故又称木精、木醇。甲醇是具有酒味的无色透明液体，沸点 64.9 ℃，能与水及大多数有机溶剂混溶。其蒸气与空气混合时能发生爆炸，爆炸极限为6%～36.5%(体积分数)。甲醇的毒性较大，可经消化道、呼吸道、皮肤接触等进入人体，主要聚集在眼房内和玻璃体内，甲醇中毒主要造成脑水肿、视神经充血和视网膜萎缩等。人体摄入5～10 mL甲醇可引起中毒，误饮10 mL以上即可造成眼睛失明，甚至导致死亡。因此使用甲醇时应特别注意安全。

甲醇是优良的有机溶剂，可作为有机物的萃取剂，也是重要的化工原料，用于生产甲醛、甲胺、有机玻璃和医药等，还可用作汽车、飞机的燃料。

二、乙醇

乙醇(CH_3CH_2OH)为饮用酒的主要成分，俗称酒精。酒精进入血液后，除少量通过肺部呼出体内，大部分由肝脏分解(成人肝脏每小时只能分解9～15 mL乙醇)，所以大量饮酒时，肝脏不能转化过量的乙醇，大量的乙醇就继续留在血液中，在体内循环导致乙醇中毒，严重时甚至可使呼吸、心跳抑制而死亡。

乙醇是无色透明、易挥发、易燃、易爆、具有特殊香味的液体，沸点78.3 ℃，能以任意比例与水混溶。乙醇的用途极为广泛，是重要的有机原料，也是非常好的有机溶剂，能溶解许多难溶于水的物质(如脂肪、树脂、色素等)。75%乙醇(又称药用酒精)在医药上用作消毒剂。

三、乙二醇

乙二醇，俗称甘醇，为具有甜味的无色黏稠液体，可与水、低级醇、甘油、丙酮、乙酸、吡啶等混溶，微溶于乙醚，几乎不溶于石油醚、苯、卤代烃，相对密度1.13，沸点197 ℃。因分子中两个羟基以氢键缔合，所以乙二醇的沸点、相对密度均比同碳原子数的一元醇高。60%的乙二醇水溶液的凝固点为－40 ℃，是良好的抗冻剂，常用于汽车散热器中，以防寒冷季节冷却水冻结。

四、丙三醇

丙三醇，俗称甘油，为重要的三元醇，是无色、有甜味的黏稠液体，能与水混溶，不溶于乙醚、氯仿等有机溶剂。由于分子中羟基数目较多，故其熔点、沸点较高，熔点29 ℃，沸点290 ℃(分解)。丙三醇有强的吸湿性，能吸收空气中的水分，可在化妆品、皮革、烟草、食品及纺织等行业中作润湿剂。丙三醇可用作药物制剂中的溶剂，如酚甘油、碘甘油等。它还有润滑作用，又能产生高渗透压，可引起排便反射，对便秘患者，可用栓剂或50%油溶液灌肠。

甘露醇治疗脑水肿

习题 8

一、选择题

1. 常用来防止汽车水箱结冰的防冻剂是(　　)。

A. 甲醇　　B. 乙醇　　C. 乙二醇　　D. 丙三醇

2. 不对称的仲醇和叔醇进行分子内脱水时,应遵循(　　)。

A. 马氏规则　　B. 次序规则　　C. 查依采夫规则　　D. 醇的活性次序

3. 禁止用工业酒精配制饮料酒,是因为工业酒精中含有(　　)。

A. 甲醇　　B. 乙二醇　　C. 丙三醇　　D. 异戊醇

4. 下列说法中,正确的是(　　)。

A. 乙醇和乙醚互为同分异构体

B. 乙醇和乙二醇互为同系物

C. 含羟基的化合物一定属于醇类

D. 等质量的乙醇、乙二醇与足量钠反应时,乙二醇产生的氢气较乙醇的多

5. 下列说法中,正确的是(　　)。

A. 醇类在一定条件下都能发生消去反应生成烯烃

B. CH_3OH、CH_3CH_2OH、$CH_3-\underset{OH}{\underset{|}{CH}}-CH_3$、$CH_3-\underset{CH_3}{\underset{|}{\overset{\overset{CH_3}{|}}{C}}}-OH$ 都能在铜的催化下发生氧化反应

C. 将 $CH_3\underset{OH}{\underset{|}{CH}}-CH_3$ 与 CH_3CH_2OH 在浓 H_2SO_4 存在下加热,最多可生成 3 种有机产物

D. 醇类在一定条件下都能与羧酸反应生成酯

6. 橙花醇具有玫瑰及苹果香气,可作为香料。其结构简式如下:

$$(H_3C)_2C{=}CHCH_2CH_2\underset{H_3C}{C}{=}\underset{H}{C}-CH_2CH_2\underset{CH_3}{\underset{|}{\overset{\overset{OH}{|}}{C}}}-CH{=}CH_2$$

下列关于橙花醇的叙述,错误的是(　　)。

A. 既能发生取代反应,也能发生加成反应

B. 在浓硫酸催化下加热脱水,可以生成不止一种四烯烃

C. 1 mol 橙花醇在氧气中充分燃烧,需消耗 470.4 L 氧气(标准状况)

D. 1 mol 橙花醇在室温下与溴的四氯化碳溶液反应,最多消耗 240 g 溴

7. 有关下列两种物质的说法正确的是(　　)

$$\begin{array}{c} CH_3 \\ | \\ CH_3—C—CH_2—OH \\ | \\ CH_3 \end{array} \qquad \begin{array}{c} OH \\ | \\ CH_3—C—CH_2CH_3 \\ | \\ CH_3 \end{array}$$

①　　　　　　　　②

A. 二者都能发生消去反应

B. 二者都能在 Cu 作催化剂的条件下发生氧化反应

C. 相同物质的量的①和②分别与足量 Na 反应，产生 H_2 的量：①>②

D. 二者互为同分异构体

8. 二甘醇可用作溶剂、纺织助剂等，一旦进入人体会导致急性肾衰竭，危及生命。二甘醇的结构简式是 $HO—CH_2CH_2—O—CH_2CH_2—OH$。下列有关二甘醇的叙述正确的是(　　)。

A. 不能发生消去反应　　B. 能发生取代反应

C. 能溶于水，不溶于乙醇　　D. 符合通式 $C_nH_{2n}O_3$

9. 下列物质属于醇类的是(　　)。

A. （萘环上连 —COOH 和 —OH）　　B. （苯环上连 $—CH_2OH$）

C. （环上连 —OH 和 $—CH_3$）　　D. （苯环上连 $—OCH_3$）

10. 下列物质命名正确的是(　　)。

A. $(CH_3)_2CHCH_2OH$：2-甲基丙醇

B. $CH_3CH_2CH_2CHOHCH_2CH_3$：4-己醇

C. $CH_3CH_2CHOHCH_2OH$：1,2-丁二醇

D. $(CH_3CH_2)_2CHOH$：2-乙基－1-丙醇

二、用系统命名法命名下列有机化合物

(1) $$\begin{array}{l} CH_3—CH—CH_2—OH \\ \qquad\ | \\ \qquad CH_3 \end{array}$$

(2) $$\begin{array}{c} CH_3 \\ | \\ CH_3—C—OH \\ | \\ CH_3 \end{array}$$

(3) $$\begin{array}{l} H_3C—CH—CH—CH_2—OH \\ \qquad\ \ |\qquad\ | \\ \qquad CH_3\ \ CH_3 \end{array}$$

(4) $H_3C-CH(CH_3)-C(Cl)_2-OH$

(5) $H_3C-CH(CH_3)-CH(C_6H_5)-CH_2-OH$

项目 9　酚

羟基(—OH)与苯环直接相连的芳香族化合物称为酚。其官能团是与苯环直接相连的羟基,称为酚羟基。苯酚是酚类中最简单的,分子式为C_6H_6O,结构简式为 —OH 或 C_6H_5OH 。

苯酚的
前世今生

任务 9.1　酚的分类和命名

一、酚的分类

按分子中含酚羟基的数目,酚可分为一元酚、二元酚、三元酚等,通常将含有两个以上酚羟基的酚称为多元酚。

OH	CH_3—　—OH	HO—　—OH	OH HO—　—OH
苯酚	对甲苯酚	对苯二酚	连苯三酚 (1,2,3-苯三酚)
一元酚		二元酚	三元酚

二、酚的命名

命名酚类时,在“酚”字前面加上芳环的名称,以此作为母体,芳环上连接的其他基团视为取代基,在母体前面加上取代基的位次和名称。多元酚只需在“酚”字前面用二、三等数字表明酚羟基的数目,并用阿拉伯数字表明酚羟基和其他基团所在的位次。例如:

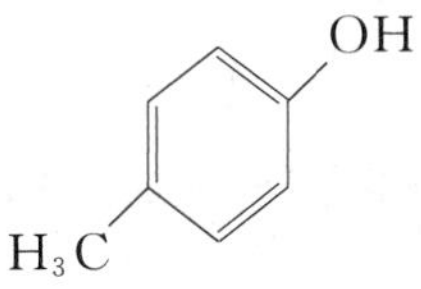

4-甲基苯酚 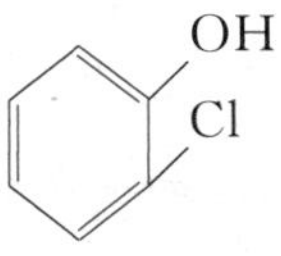　　2-氯苯酚 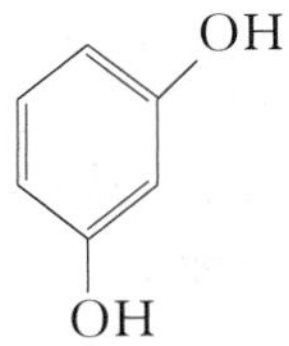　　1,3-苯二酚 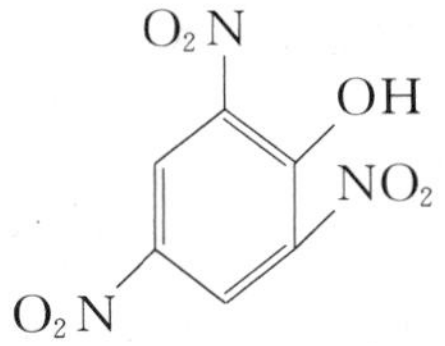　　2,4,6-三硝基苯酚

但当环上取代基的序列优于酚羟基时，则按取代基的先后次序来选择母体。取代基的先后次序为：—COOH，—SO_3H，—COOR，—COX，—CN，—OH（醇），—OH（酚），所以如下两个有机化合物命名为：

4-羟基苯磺酸（对羟基苯磺酸） 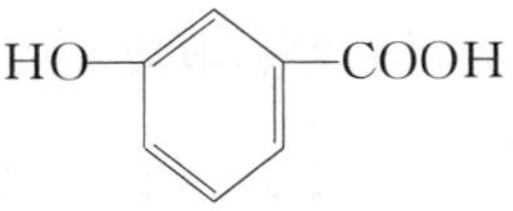　3-羟基苯甲酸（间羟基苯甲酸）

任务 9.2　酚的性质

一、物理性质

常温下，大多数酚为无色固体，有难闻的气味（少数酚具有香味，如百里香酚具有百里香的香味），易溶于乙醇、苯等有机溶剂。酚一般没有颜色，但易被空气氧化，氧化后往往由于含有氧化产物而带黄色或红色。

酚类化合物分子与分子之间、分子与水分子之间均能形成氢键，所以酚类化合物的沸点比分子量相当的烃类高。例如，苯酚的沸点为 181.8 ℃，而与之分子量接近的甲苯的沸点只有 110.6 ℃。

低级酚都有特殊的刺激性，对眼睛、呼吸道黏膜、皮肤等有强烈的刺激和腐蚀作用，在使用时应注意安全。有的酚具有较强的杀菌和防腐作用，如医院消毒使用的“来苏儿”，就是甲基苯酚与肥皂水的混合液，常用于机械和环境消毒，但因其对人体、水环境有害，所以常用其他消毒剂代替。

二、酚的化学性质

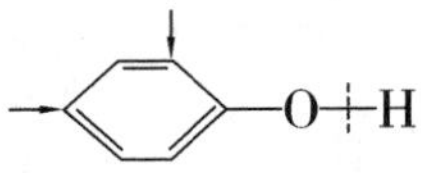

(1)受苯环的影响，O—H 中的氢比较活泼，容易发生反应。

(2)受—OH 的影响，苯环容易发生取代反应。

(一)酚羟基的反应

1. 酸性

酚羟基(—O—H)中的氢比较活泼,具有酸性,能与活泼金属钠反应,生成酚钠;还能与氢氧化钠等强碱发生反应,生成酚盐和水。

$$2C_6H_5\text{—O—H} + 2Na \longrightarrow 2C_6H_5\text{—O—Na} + H_2\uparrow$$

$$C_6H_5\text{—O—H} + NaOH \longrightarrow C_6H_5\text{—O—Na} + H_2O$$

苯酚是弱酸,其酸性比碳酸弱,所以只能溶于氢氧化钠而不溶于碳酸氢钠。如果向酚钠的水溶液中通入 CO_2,则可以看到溶液分层,即有苯酚析出。

$$C_6H_5\text{—O—Na} + CO_2 + H_2O \longrightarrow C_6H_5\text{—O—H} + NaHCO_3$$

利用这一性质可以将苯酚与其他有机化合物分离,也可以将中草药中的酚类成分与羧酸类成分分离。

$$C_6H_5\text{—O—Na} + CO_2 + H_2O \longrightarrow C_6H_5\text{—O—H} + NaHCO_3$$

酚的酸性受苯环上取代基的影响,一般情况下,吸电子基(如—NO_2)使酚的酸性增强,供电子基(—OR)使酚的酸性减弱。20 ℃时,部分酚的 pK_a 值如表 9-1 所示。

表 9-1　部分酚的 pK_a(20 ℃)

名　称	对甲苯酚	邻甲苯酚	苯酚	对硝基苯酚	邻硝基苯酚	2,4,6-三硝基苯酚
构造式	$p\text{-}CH_3C_6H_4OH$	$o\text{-}CH_3C_6H_4OH$	C_6H_5OH	$p\text{-}O_2NC_6H_4OH$	$o\text{-}O_2NC_6H_4OH$	$2,4,6\text{-}(O_2N)_3C_6H_2OH$
pK_a 值	10.26	10.29	10	7.15	7.22	0.71

2. 生成酚醚

由于酚羟基的碳氧键比较牢固,因此不能像醇那样通过分子间脱水的方法来制备酚醚。酚醚的合成通常采用威廉姆逊反应,即在碱性条件下,将酚转化为酚钠,然后再和烷基化试剂反应生成酚醚。

酚的钠盐与卤代烃反应生成酚醚。例如:

$$C_6H_5\text{—O—Na} + CH_3CH_2Br \longrightarrow C_6H_5\text{—O—}CH_2CH_3 + NaBr$$

酚的钠盐与硫酸二甲酯反应生成酚醚。

$$C_6H_5\text{—O—Na} + (CH_3O)_2SO_2 \longrightarrow C_6H_5\text{—O—}CH_3 + CH_3OSO_2Na$$

3. **生成酚酯**

醇与羧酸在酸催化下可直接反应生成酯，而酚需在酸或碱催化下，与酰氯、酸酐等羧酸衍生物反应生成酚酯。

$$C_6H_5-OH + (CH_3CO)_2O \xrightarrow[85\ ℃]{H_2SO_4} C_6H_5-O-\overset{O}{\overset{\|}{C}}CH_3 + CH_3COOH$$

(二)苯环上的反应

羟基是邻、对位定位基团，对苯环起活化作用，因此苯酚的环上比较容易发生取代反应，而且一般发生在羟基的邻、对位上。

1. **卤代反应**

常温下，苯酚和溴水可以迅速发生取代反应，苯环上的氢原子被溴原子取代，生成 2,4,6-三溴苯酚白色沉淀。

$$C_6H_5-OH + 3Br_2 \longrightarrow 2,4,6\text{-}Br_3C_6H_2-OH\downarrow + 3HBr$$

该反应迅速、现象明显，且微量的 2,4,6-三溴苯酚也能被检出，因此常用于酚类化合物的定性和定量分析。

2. **硝化反应**

受羟基影响，苯酚比苯更容易发生硝化反应，在常温下就很容易被硝酸硝化得到邻位和对位硝基产物。

$$C_6H_5-OH \xrightarrow[\text{无水乙醚}]{20\%HNO_3} O_2N-C_6H_4-OH + o\text{-}NO_2C_6H_4-OH$$

3. **烷基化反应**

苯酚可以在一般的傅-克反应条件下发生烷基化反应。

$$C_6H_5-OH + H_2C=CHCH_3 \xrightarrow{\text{无水 }AlCl_3} (H_3C)_2HC-C_6H_4-OH$$

(三)氧化反应

酚类化合物很容易被氧化，氧化后颜色变深。苯酚放置在空气中即可被氧化成醌。多元酚更容易氧化，特别是邻位和对位异构体，如对苯二酚和邻苯二酚都可以被弱氧化剂氧化成相应的醌。

$$\text{HO-C}_6\text{H}_4\text{-OH} + 2\text{AgBr} \longrightarrow \text{O=C}_6\text{H}_4\text{=O} + 2\text{Ag}\downarrow + 2\text{HBr}$$

对苯醌

$$\text{邻苯二酚(儿茶酚)} \xrightarrow{Ag_2O/(CH_3CH_2)_2O} \text{邻苯醌}$$

邻苯二酚(儿茶酚)　　　　邻苯醌

(四)显色反应

大多数酚可以和氯化铁溶液发生显色反应,生成有颜色的配合物。不同的酚生成的配合物颜色不同,因此酚与氯化铁的显色反应常用于鉴别酚类化合物。部分酚与 $FeCl_3$ 溶液发生显色反应后的颜色如表 9-2 所示。

表 9-2　部分酚与 $FeCl_3$ 溶液发生显色反应后的颜色

酚	苯酚	对甲苯酚	间甲苯酚	对苯二酚	均苯三酚	邻苯二酚	对苯二酚	间苯二酚	连苯三酚	α-萘酚	β-萘酚
与 $FeCl_3$ 溶液发生显色反应后的颜色	蓝紫色	蓝色	蓝紫色	暗绿色(结晶)	紫色	深绿色	绿色	蓝紫色	淡棕红色	紫红色(结晶)	绿色(结晶)

维生素 E

习题 9

一、选择题

1. 下列说法中,正确的是(　　)。

A. 含有羟基的化合物一定属于酚类

B. 代表酚类的官能团是与苯环上的碳直接相连的羟基

C. 酚类和醇类具有相同的官能团,因而具有相同的化学性质

D. 分子内有苯环和羟基的化合物一定是酚类

2. 下列物质酸性最强的是(　　)。

A. H_2O　　　B. CH_3CH_2OH　　　C. 苯酚　　　D. $HC\equiv CH$

3. 有机化合物分子中的原子(团)之间会相互影响,导致相同的原子(团)表现不同的性质。

下列各项事实不能说明上述观点的是(　　)。

A. 甲苯能使酸性高锰酸钾溶液褪色,而甲基环己烷不能使酸性高锰酸钾溶液褪色

B. 乙烯能与溴水发生加成反应,而乙烷不能发生加成反应

C. 苯酚可以与 NaOH 反应,而乙醇不能与 NaOH 反应

D. 苯酚与溴水可直接反应,而苯与液溴反应则需要 Fe 作催化剂

4. 漆酚 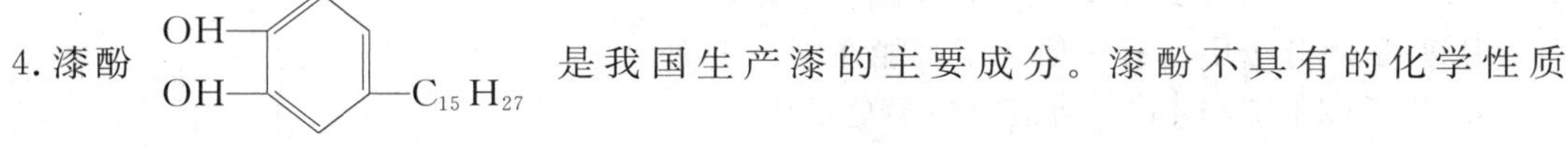 是我国生产漆的主要成分。漆酚不具有的化学性质是(　　)。

A. 可以跟 $FeCl_3$ 溶液发生显色反应

B. 可以使酸性高锰酸钾溶液褪色

C. 可以跟 Na_2CO_3 溶液反应放出 CO_2

D. 可以跟溴水发生取代反应和加成反应

5. 一些易燃易爆化学试剂的瓶子上贴有"危险"警告标签以警示使用者。下面是一些危险警告标签,则盛装苯酚的试剂瓶应贴上的标签是(　　)。

有毒 ①

易燃 ②

具腐蚀性 ③

具氧化性 ④

具爆炸性 ⑤

A. ①③　　B. ②③　　C. ②④　　D. ①④

6. 下列关于苯酚的叙述,不正确的是(　　)。

A. 将苯酚晶体放入少量水中,加热至全部溶解,冷却至 50 ℃形成乳浊液

B. 苯酚可以和硝酸发生取代反应

C. 苯酚易溶于 NaOH 溶液

D. 苯酚的酸性比碳酸强,比醋酸弱

7. 向三氯化铁溶液中加入下列物质,溶液颜色几乎不变的是(　　)。

A. 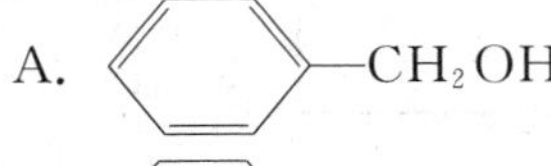　　B. 

C. 　　D. 铁粉

8. 下列关于酚羟基和醇羟基的分析,错误的是(　　)。

A. 原子组成一样　　B. —O—H 键的化学键类型一样

C. 羟基中氢原子活泼性不同　　D. 酚羟基能发生电离,醇羟基也能发生电离

9. 医药上使用的消毒剂"煤酚皂"俗称"来苏儿",是 47%~53%(　　)的肥皂水溶液。

A. 苯酚　　B. 甲基苯酚　　C. 硝基苯酚　　D. 苯二酚

10. 膳食纤维具有突出的保健功能,人体的"第七营养素"木质素是一种非糖类膳食纤维,其单体之一是芥子醇,结构简式如下所示。下列有关芥子醇的说法正确的是(　　)。

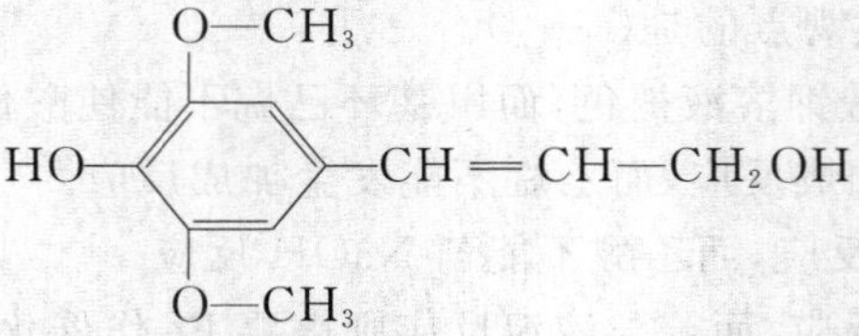

$O-CH_3$

HO— —$CH=CH-CH_2OH$

$O-CH_3$

A. 芥子醇的分子式是 $C_{11}H_{14}O_4$，属于芳香烃

B. 芥子醇分子中所有碳原子不可能在同一平面

C. 芥子醇不能与 $FeCl_3$ 溶液发生显色反应

D. 芥子醇能发生的反应类型有氧化、取代、加成

二、按表格要求完成下列实验并填表

实验步骤	实验现象	实验结论
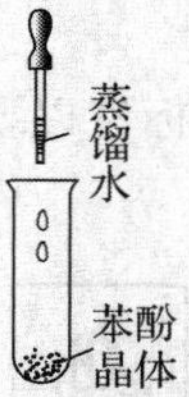 蒸馏水 苯酚晶体		
 NaOH 溶液 苯酚水溶液		
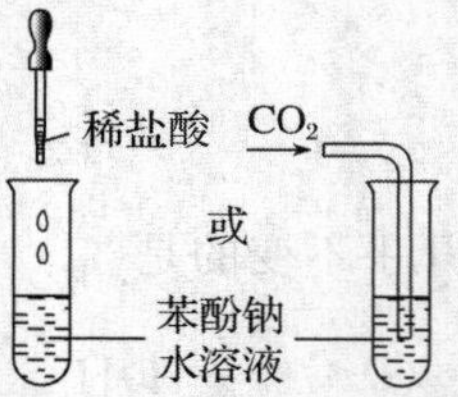 稀盐酸 CO_2 或 苯酚钠水溶液		

写出上述实验中发生反应的化学方程式：

(1)苯酚与氢氧化钠溶液：

(2)苯酚钠与稀盐酸：

(3)苯酚钠溶液与 CO_2：

项目 10 醚

醚是两个烃基通过氧原子相连而形成的化合物，可用通式 R—O—R′、R—O—Ar、Ar—O—Ar′表示，其中—O—称为醚键，是醚的官能团。相同碳原子的饱和一元醚和饱和一元醇互为同分异构体，具有相同的通式 $C_nH_{2n+2}O$。

乙醚

任务 10.1 醚的分类和命名

一、醚的分类

根据分子中烃基的结构，醚可分为脂肪醚和芳香醚。两个烃基都为脂肪烃基的称为脂肪醚，两个烃基中有一个或两个是芳香烃基的称为芳香醚。与醚键相连的两个烃基相同者称为简单醚，两个烃基不同者称为混合醚；醚键是环状结构的一部分时，称为环醚。例如：

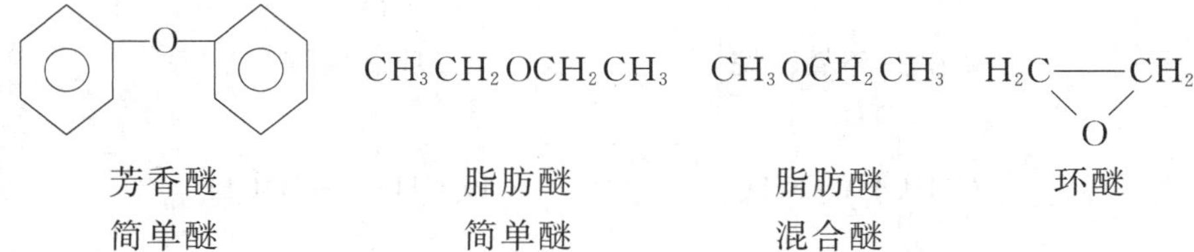

芳香醚	脂肪醚	脂肪醚	环醚
简单醚	简单醚	混合醚	

二、醚的命名

(1)简单醚一般采用普通命名法命名，即在烃基的名称前加“二”(“二”可以省略不写)，后面加上“醚”字。例如：

CH_3OCH_3　　$\underset{\displaystyle CH_3}{\underset{|}{CH_3CH}}O\underset{\displaystyle CH_3}{\underset{|}{CHCH_3}}$　　C_6H_5—O—C_6H_5

甲醚　　异丙醚　　苯醚

(2)命名两个烃基不相同的混合醚时，将小的烃基写在前，大的烃基写在后；芳香烃基在前，脂肪烃基在后，最后加上“醚”，“基”字可以省略。例如：

$CH_3CH_2—O—CH_2CHCH_3$（$CHCH_3$ 上连 CH_3）　　$C_2H_5—O—CH═CH_2$　　$CH_3—O—CH_2CH_3$

乙基异丁基醚　　乙基乙烯基醚　　甲乙醚

$C_6H_5—OCH_2CH_3$　　β-$C_{10}H_7—OCH_3$

苯乙醚　　β-萘甲醚

(3)结构复杂的醚可采用系统命名法命名，即选择较长的烃基为母体，有不饱和烃基时，选择不饱和烃基为母体，将较小的烃基与氧原子一起看作取代基，称为烷氧基(—OR)。例如：

$CH_3CH═CH—CH_2OCH_3$　　$CH_3CH(OH)CH_2OCH_2CH_3$　　$CH_3O—C_6H_4—OH$

1-甲氧基-2-丁烯　　1-乙氧基-2-丙醇　　4-甲氧基苯酚

$CH_3CH(OCH_3)CH_2CH_2CH(CH_3)CH_2CH_3$　　$HOCH_2—C_6H_4—OCH_2CH_3$

5-甲基-2-甲氧基庚烷　　4-乙氧基苯甲醇

(4)环醚称为环氧化合物，通常将母体命名为“环氧某烷”，氧原子编号为1。例如：

2-甲基环氧乙烷　　环氧丙烷

2,3-二甲基-环氧丙烷　　2,3-二甲基环氧乙烷

还有一些环醚习惯上按杂环化合物来命名。例如：

1,4-环氧丁烷(四氢呋喃)　　1,4-二氧六环

任务 10.2 醚的性质

一、物理性质

常温下,甲醚、甲乙醚、环氧乙烷为气体,其余的醚大多数为无色、易挥发、易燃、有香味的液体。醚分子间不能形成氢键,因此醚的沸点比相应的醇的沸点低得多,与分子量相近的烷烃相当。

醚分子中的碳氧键是极性键,易与水形成氢键,所以醚在水中的溶解度与相应的醇相当。甲醚、1,4-二氧六环、四氢呋喃等都可与水互溶,乙醚在水中的溶解度为 7 g/100 mL。

二、醚的化学性质

除某些环醚外,醚是一类较稳定的有机化合物,其化学稳定性仅次于烷烃,不与氧化剂、活泼金属、碱、还原剂等反应。但醚仍可发生一些特殊的反应。

1. 鎓盐的生成

醚由于氧原子上具有未共用电子对,因此可以作为路易斯碱与强酸或路易斯酸反应生成鎓盐。例如:

$$CH_3OCH_3 + H_2SO_4(浓) \rightleftharpoons [CH_3\underset{\underset{H}{|}}{O}CH_3]^+ HSO_4^-$$

生成的鎓盐可溶于冷的浓强酸中,当用水稀释时鎓盐会立即分解,原来的醚又游离出来。利用醚的这一性质,可分离提纯醚类化合物,也可鉴别醚类化合物。

2. 醚键的断裂

醚与浓的强酸(浓氢碘酸或浓氢溴酸等)共热,在较高温度下,醚键会断裂,生成卤代烃、醇或酚。若使用过量的氢卤酸,则生成的醇将进一步与氢卤酸反应生成卤代烃。例如:

$$R—O—R' + HI(浓) \xrightarrow{\triangle} RI + R'OH$$

$$R'OH \xrightarrow{HI} R'I + H_2O$$

3. 过氧化物的生成

醚类化合物虽然对氧化剂很稳定,高锰酸钾、重铬酸钾都不能将其氧化。但含有 α-H 的醚在空气中久置或经光照,会缓慢地被氧化成过氧化物。例如:

$$CH_3CH_2—O—CH_2CH_3 + O_2 \longrightarrow CH_3CH_2—O—\underset{\underset{O—OH}{|}}{CH}—CH_3$$

过氧化物不稳定,受热时容易因分解而发生爆炸,因此在蒸馏含过氧化物的醚时,加热温

环氧乙烷

度不能过高，也不能将醚蒸干。对于久置的醚，在使用前应检验是否含有过氧化物，若有应除去。常用的检验方法是：用淀粉碘化钾试纸检验，如有过氧化物存在，碘化钾就会被氧化而析出游离的碘，试纸遇碘变成蓝色。除去过氧化物的方法是：向醚中加入还原剂（如 $FeSO_4$ 或 Na_2SO_3），破坏过氧化物。为了防止生成过氧化物，醚应用棕色瓶避光贮存，并在醚中加入微量铁屑。

习 题 10

一、选择题

1. 丁醇和乙醚是（　　）异构体。

A. 碳架　　B. 官能团　　C. 几何　　D. 对映

2. 含脂溶性成分的乙醚提取液，在回收乙醚的过程中，下列操作不正确的是（　　）。

A. 在蒸除乙醚之前应先干燥去水

B. "明"火直接加热

C. 不能用"明"火加热且室内不能有"明"火

D. 温度应控制在 30 ℃左右

3. 下列化合物属于醚的是（　　）。

A. $CH_3OCH_2CH_3$　　B. CH_3OH　　C. $CH_3COOCH_2CH_3$　　D. $C_6H_5CH_2OH$

4. 芳樟醇常用于合成香精，香叶醇存在于香茅油、香叶油、香草油、玫瑰油等物质中，有玫瑰和橙花香气。下列关于二者的说法，不正确的是（　　）。

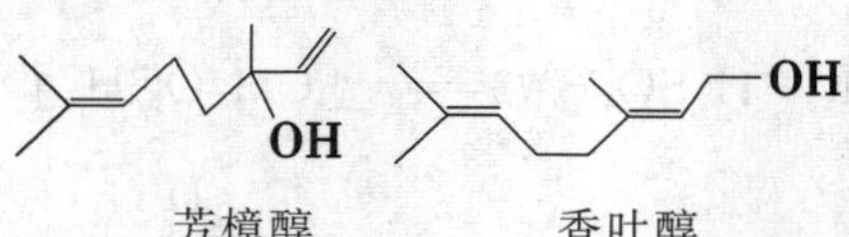

芳樟醇　　香叶醇

A. 两种醇都能与溴水反应

B. 两种醇互为同分异构体

C. 两种醇都可在铜催化下与氧气反应生成相应的醛

D. 两种醇都难溶于水

5. 消去反应是有机化学中一类重要的反应类型。下列醇类物质能发生消去反应的是（　　）。

①甲醇　②1-丙醇　③1-丁醇　④2-丁醇　⑤2,2-二甲基-1-丙醇　⑥2-戊醇　⑦环己醇

A. ①⑤　　B. ②③④⑥⑦　　C. ②③④⑥　　D. ②③④

二、填空题

1. 在酸作催化剂及加热的条件下，两个醇分子之间可以通过________反应脱去一个水分子，生成的产物称为________。例如，乙醇在浓硫酸作催化剂的情况下，加热到________时可生成乙醚。

$$C_2H_5—OH+C_2H_5O—H \xrightarrow[140\ ℃]{浓硫酸} H_2O+\_\_\_\_\_\_\_\_$$（写出乙醚的结构简式）

2. 浓硫酸作催化剂，加热到________，乙醇可发生分子内________反应，生成

________，化学反应方程式为：________________________________。

三、用系统命名法命名下列有机化合物

1. $CH_3CH_2CH_2O—C_6H_5$

2. $H_3C—CH_2—O—CH_2—CH_3$

3. $CH_2=CH—O—C_6H_5$

4. $C_6H_5—O—CH_2—CH_3$

项目 11　醛、酮、醌

醛、酮、醌分子中都含有相同的官能团——羰基（$\overset{\mathrm{O}}{\overset{\|}{-\mathrm{C}-}}$），因此，它们又被称为羰基化合物。羰基碳原子至少与一个氢原子相连的有机化合物称为醛，通常用 $\mathrm{R}-\overset{\mathrm{O}}{\overset{\|}{\mathrm{C}}}-\mathrm{H}$（R 为烃基或 H）表示，其中 $-\overset{\mathrm{O}}{\overset{\|}{\mathrm{C}}}-\mathrm{H}$ 称为醛基，是醛的官能团；羰基与两个烃基直接相连的有机化合物称为酮，通常用 $\mathrm{R}-\overset{\mathrm{O}}{\overset{\|}{\mathrm{C}}}-\mathrm{R'}$ 表示，酮中的羰基也称为酮基，是酮的官能团。相同碳原子数、相同元数的醛和酮互为同分异构体。醌是一类含有两个碳氧双键的六元环状二酮结构的有机化合物，醌中含有两个羰基。

家居装修隐形杀手——甲醛

任务 11.1　醛、酮的分类和命名

一、醛、酮的分类

根据醛、酮中烃基的不同，可以将醛、酮分为脂肪族醛、酮和芳香族醛、酮，脂肪族醛、酮又可以根据烃基是否饱和分为饱和醛、酮和不饱和醛、酮。根据分子中所含羰基的数目，醛、酮还可以分为一元醛、酮和多元醛、酮。例如：

$\mathrm{H_3C}-\overset{\mathrm{O}}{\overset{\|}{\mathrm{C}}}-\mathrm{CH_3}$	$\mathrm{H_2C{=}CH}-\overset{\mathrm{O}}{\overset{\|}{\mathrm{C}}}-\mathrm{H}$	$\mathrm{C_6H_5}-\overset{\mathrm{O}}{\overset{\|}{\mathrm{C}}}-\mathrm{H}$	$\mathrm{C_6H_5}-\overset{\mathrm{O}}{\overset{\|}{\mathrm{C}}}-\mathrm{CH_3}$
丙酮	丙烯醛	苯甲醛	苯乙酮
一元饱和脂肪酮	一元不饱和脂肪醛	一元芳香醛	一元芳香酮

$H_3C-\overset{\overset{O}{\|}}{C}-CH_2-\overset{\overset{O}{\|}}{C}-CH_3$　　$H\overset{\overset{O}{\|}}{C}-CH_2-\overset{\overset{O}{\|}}{C}H$　　环己酮（环状结构 =O）　　$H_2C=CH-\overset{\overset{O}{\|}}{C}-CH_3$

2,4-戊二酮	丙二醛	环己酮	3-丁烯-2-酮
二元饱和脂肪酮	二元饱和脂肪醛	一元饱和脂环酮	一元不饱和脂肪酮

二、醛、酮的命名

(一)普通命名法

醛的普通命名法和伯醇相似，只要把“醇”字改成“醛”字便可。例如：

$CH_3CH_2CH_2CHO$　　$CH_3\underset{\underset{CH_3}{|}}{C}HCHO$　　C_6H_5-CHO

正丁醛　　异丁醛　　苯甲醛

酮的命名只需在羰基连接的两个烃基名称后加上“酮”字即可，“基”字可省略。命名脂肪混酮时，要把“次序规则”中较优的烃基写在后边；芳基和脂肪烃基的混酮要把芳基写在前面。例如：

$CH_3\overset{\overset{O}{\|}}{C}CH_3$　　$CH_3\overset{\overset{O}{\|}}{C}CH_2CH_3$　　$C_6H_5-\overset{\overset{O}{\|}}{C}CH_2CH_3$

二甲基甲酮(二甲酮)　甲基乙基甲酮(甲乙酮)　　苯基乙基甲酮

羰基与苯环相连时，也可命名为某酰(基)苯，例如：

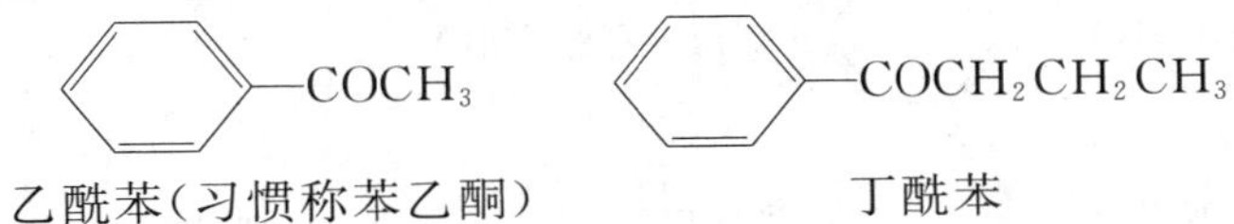

乙酰苯(习惯称苯乙酮)　　丁酰苯

(二)系统命名法

结构复杂的醛、酮常采用系统命名法命名。命名时，选择含有羰基的最长碳链为主链。醛类从醛基碳原子开始编号，因醛基处在链端，一元醛中醛基的编号总是1，所以在命名时不用标明一元醛醛基的位次；酮则从靠近酮基的一端开始编号，并标明酮基的位次。如主链上有取代基，则将取代基的位次及名称写在“某醛”或“某酮”的前面。例如：

$CH_3CH_2CH_2CH_2CHO$　　$CH_3CH_2COCH_2CH_3$　　$CH_3\underset{\underset{CH_3}{|}}{C}HCH_2CH_2CHO$　　$CH_3\underset{\underset{O}{\|}}{C}CH_2\underset{\underset{CH_3}{|}}{C}HCH_3$

戊醛　　3-戊酮　　4-甲基戊醛　　4-甲基-2-戊酮

命名不饱和醛、酮时，应选择同时含有羰基和不饱和键的最长碳链作为主链。给主链编号时从靠近羰基的一端开始，称为某烯醛或某烯酮，并在名称中标明不饱和键的位次。

$CH_2=CHCH_2CH_2CHO$　　$CH_3CH_2COCH_2CH=CH_2$

4-戊烯醛　　5-己烯-3-酮

脂环醛、酮的羰基在环内时，称为环某醛或环某酮；羰基在环外时，则将环作为取代基。例如：

2-羟基环己酮　　环戊基甲醛　　1-环己基-2-丁酮

命名含有芳基的醛、酮时，总是把芳基作为取代基。例如：

3-甲基-4-苯基丁醛　　1-苯基-2-丁酮

主链碳原子的编号除用阿拉伯数字表示外，有时也可用希腊字母表示。与羰基直接相连的碳原子为 α 位，后依次为 β 位、γ 位……在酮分子中，与酮基直接相连的两个碳原子都是 α 碳原子，可分别用 α、α′表示。例如：

$\overset{\gamma}{C}H_3\overset{\beta}{C}H_2\overset{\alpha}{C}H(C_2H_5)CHO$　　$\overset{\beta'}{C}H_3\overset{\alpha'}{C}H(CH_3)—CO—\overset{\alpha}{C}H(CH_3)\overset{\beta}{C}H_2Br$

α-乙基丁醛　　α，α′-二甲基-β-溴-3-戊酮

有一些醛常用俗名，这些俗名是从相应的羧酸名得来的。例如：

$HCHO$　　$C_6H_5—CH=CHCHO$　　邻羟基苯甲醛

蚁醛　　肉桂醛　　水杨醛

任务 11.2　醛、酮的性质

一、醛、酮的物理性质

常温下，甲醛为具有刺激性气味的无色气体，其他低级醛为具有刺激性气味的液体；低级酮为具有特殊气味的液体；高级醛、酮为固体。C_8—C_{13}的脂肪醛和一些芳醛、芳酮是具有香味的液体或固体，可用来配制香精。

醛、酮分子中羰基上的碳原子能与水中的氢原子形成氢键，所以低级醛、酮能溶于水，如甲醛、乙醛、丙醛和丙酮可与水以任意比例混溶。其他醛、酮随碳原子数的增加，对形成氢键有空间阻碍作用的烃基增大，醛、酮在水中的溶解度逐渐减小，直至不溶。芳醛和芳酮一般不溶于

水，但能溶于有机溶剂。

二、醛、酮的化学性质

$$\begin{array}{ccccc} & \mathrm{H} & & \mathrm{O} & \\ & | & & \| & ② \\ \mathrm{R}- & \mathrm{C} & - & \mathrm{C} & -\mathrm{H(R)} \\ ③ & | & & ① & \\ & \mathrm{H} & & & \end{array}$$

①醛基中的 C—H 键断裂，可以发生醛的氧化反应，生成相应的羧酸。

②醛基中 C═O 双键中的 π 键断裂，可以发生加成反应或还原反应。

③α-C—H 键断裂，可以发生卤代反应或缩合反应。

(一)氧化反应

在氧化反应中，醛、酮的差异非常显著，醛对氧化剂比较敏感，而酮对一般氧化剂都比较稳定。

1. 醛的氧化

(1)醛的催化氧化。醛可以在催化剂的作用下与氧气反应，生成相应的羧酸。例如：

$$H_3C-\overset{\overset{\displaystyle O}{\|}}{C}-H+O_2\xrightarrow{\text{催化剂}}H_3C-\overset{\overset{\displaystyle O}{\|}}{C}-OH$$

(2)在强氧化剂(如酸性高锰酸钾、重铬酸钾等)的作用下，醛可被氧化成相应的羧酸。例如：

$$CH_3CHO+KMnO_4+H_2SO_4\longrightarrow CH_3COOH+K_2SO_4+MnSO_4+H_2O$$

(3)醛还可以被弱氧化剂氧化。弱氧化剂托伦试剂(银氨溶液，即硝酸银的氨水溶液)和斐林试剂(硫酸铜与酒石酸钾钠的碱溶液)可将醛氧化成相应的羧酸，且对碳碳双键无影响。例如：

$$CH_3CH{=}CH-CHO\xrightarrow{Ag(NH_3)_2OH}CH_3CH{=}CH-COOH$$

醛被托伦试剂氧化成羧酸时，银离子被还原成金属银。当反应器壁光滑洁净时，银沉淀在试管壁上形成银镜，故醛与托伦试剂的氧化反应亦称为银镜反应。

$$RCHO+2Ag(NH_3)_2OH\longrightarrow RCOONH_4+2Ag\downarrow+3NH_3+H_2O$$

脂肪醛与斐林试剂反应时，醛被氧化成羧酸，铜离子被还原成砖红色的氧化亚铜沉淀析出，而芳香醛不与斐林试剂作用。因此，利用斐林试剂可区别脂肪醛和芳香醛。

$$RCHO+2Cu^{2+}+NaOH+H_2O\xrightarrow{\triangle}RCOONa+Cu_2O\downarrow+4H^+$$

甲醛的还原性较强，可与斐林试剂反应生成铜镜。

$$HCHO+Cu^{2+}+NaOH\xrightarrow{\triangle}HCOONa+Cu\downarrow+2H^+$$

醛与托伦试剂、斐林试剂的反应可用来区别醛、酮。其中斐林试剂还可以用来区别甲醛、其他脂肪醛和芳香醛。

氧化银是一种温和的氧化剂，可使醛氧化成酸，分子中的双键等可不受影响。例如：

$$\text{HO}-\text{C}_6\text{H}_3(\text{OCH}_3)-\text{CHO} \xrightarrow{Ag_2O/NaOH/H_2O} \text{HO}-\text{C}_6\text{H}_3(\text{OCH}_3)-\text{COOH}$$

2. 酮的氧化

醛可被托伦试剂和斐林试剂氧化，而酮不被托伦试剂和斐林试剂氧化，所以，上述两种试剂可鉴别醛和酮。酮若用酸性高锰酸钾、硝酸等强氧化剂在剧烈的条件下氧化，碳链可发生断裂，断裂发生在羰基碳与 α-碳处，生成多种羧酸的混合物，因此无制备价值。但若是氧化结构对称的环酮，则只得到一种产物。例如工业上采用环己酮氧化制备己二酸。

$$\text{环己酮} \xrightarrow[V_2O_5]{HNO_3} \begin{array}{l} CH_2CH_2COOH \\ | \\ CH_2CH_2COOH \end{array}$$

环己酮　　　　己二酸

(二)还原反应

在催化加氢或在还原剂硼氢化钠($NaBH_4$)、氢化铝锂($LiAlH_4$)的作用下，醛、酮分子中的羰基可发生还原反应，醛被还原成相应的伯醇，酮被还原成相应的仲醇。例如：

$$H_3C-\overset{O}{\overset{\|}{C}}-H \xrightarrow[\triangle]{H_2/Ni} H_3C-\overset{OH}{\overset{|}{CH_2}}$$

$$R-\overset{O}{\overset{\|}{C}}-H \xrightarrow{[H]} R-\overset{OH}{\overset{|}{CH_2}}$$

$$R-\overset{O}{\overset{\|}{C}}-R' \xrightarrow{[H]} R-\overset{OH}{\overset{|}{CH}}-R'$$

硼氢化钠是一种温和的还原剂，并且选择性较高，一般只还原醛、酮中的羰基，而不影响其他不饱和基团。氢化铝锂的还原性比硼氢化钠强，除还原醛、酮中的羰基外，还可还原羧酸、酯中的羰基以及$-NO_2$、—CN 等许多不饱和基团。但是，它们都不能还原碳碳双键和碳碳三键。工业上利用这一性质以肉桂醛为原料还原制取肉桂醇。

$$C_6H_5-CH{=}CHCHO \xrightarrow[\text{或 } NaBH_4]{LiAlH_4} C_6H_5-CH{=}CHCH_2OH$$

肉桂醛　　　　肉桂醇

(三)加成反应

醛、酮分子中的羰基为不饱和键，可以与氢氰酸、亚硫酸氢钠、醇、格氏试剂及氨的衍生物等发生加成反应。需要注意的是，C═O 双键和 C═C 双键不同，通常情况下，醛、酮分子不能和 HX、X_2、H_2O 等发生加成反应。

1. 与氢氰酸加成

在碱性催化剂的作用下，醛、酮与氢氰酸可发生加成反应，生成 α-氰醇(α-羟基腈)。

$$H_3C-\overset{\overset{O}{\|}}{C}-H + H-CN \underset{}{\overset{OH^-}{\rightleftharpoons}} H_3C-\underset{}{\overset{\overset{OH}{|}}{CH}}-CN$$

$$R-\overset{\overset{O}{\|}}{C}-H(R') + H-CN \overset{OH^-}{\rightleftharpoons} R-\underset{\underset{H(R')}{|}}{\overset{\overset{OH}{|}}{C}}-CN$$

由于产物中的醇比原来的醛、酮多一个碳原子，因此这是一个增长碳链的反应，在有机合成中具有重要的作用。生成的 α-氰醇可水解生成相应的酸，也可以还原生成相应的氨。

$$R-\underset{\underset{H(R')}{|}}{\overset{\overset{OH}{|}}{C}}-CN \xrightarrow{H_2O/H^+} R-\underset{\underset{H(R')}{|}}{\overset{\overset{OH}{|}}{C}}-COOH$$

$$R-\underset{\underset{H(R')}{|}}{\overset{\overset{OH}{|}}{C}}-CN \xrightarrow{H_2O/OH^-} R-\underset{\underset{H(R')}{|}}{\overset{\overset{OH}{|}}{C}}-CH_2NH_2$$

2. 与亚硫酸氢钠加成

醛、脂肪族甲基酮及低级环酮（小于 C_8）可以与饱和亚硫酸氢钠溶液发生加成反应，生成 α-羟基磺酸钠。例如：

$$H_3C-\overset{\overset{O}{\|}}{C}-H + H-SO_3Na \rightleftharpoons H_3C-\underset{\underset{H}{|}}{\overset{\overset{OH}{|}}{C}}-SO_3Na$$

$$H_3CH_2C-\overset{\overset{O}{\|}}{C}-CH_3 + H-SO_3Na \rightleftharpoons H_3CH_2C-\underset{\underset{CH_3}{|}}{\overset{\overset{OH}{|}}{C}}-SO_3Na$$

$$\text{环己酮}(C_6H_{10}{=}O) + H-SO_3Na \rightleftharpoons \text{1-羟基环己基磺酸钠}(C_6H_{10}(OH)SO_3Na)$$

3. 与醇加成

醛能与饱和一元醇发生加成反应生成半缩醛。半缩醛不稳定，与醇进一步反应生成缩醛。例如：

$$H_3C-\overset{\overset{O}{\|}}{C}-H \underset{\text{干 HCl}}{\overset{CH_3CH_2OH}{\rightleftharpoons}} H_3C-\underset{\underset{OCH_2CH_3}{|}}{\overset{\overset{OH}{|}}{C}}-H \underset{\text{干 HCl}}{\overset{CH_3CH_2OH}{\rightleftharpoons}} H_3C-\underset{\underset{OCH_2CH_3}{|}}{\overset{\overset{OCH_2CH_3}{|}}{C}}-H$$

4. 与格氏试剂加成

醛、酮可以与格氏试剂发生加成反应，水解后生成相应的醇。甲醛与格氏试剂反应生成伯醇，其他的醛与格氏试剂反应生成仲醇，酮与格氏试剂反应生成叔醇。

$$H-\overset{O}{\overset{\|}{C}}-H + R-MgCl \xrightarrow{\text{绝对乙醚}} H-\underset{R}{\overset{OMgCl}{C}}-H \xrightarrow{H_2O} H-\underset{R}{\overset{OH}{C}}-H$$

$$R-\overset{O}{\overset{\|}{C}}-H + R'-MgCl \xrightarrow{\text{绝对乙醚}} R-\underset{R'}{\overset{OMgCl}{C}}-H \xrightarrow{H_2O} R-\underset{R'}{\overset{OH}{C}}-H$$

$$H_3CH_2C-\overset{O}{\overset{\|}{C}}-CH_3 + R-MgCl \xrightarrow{\text{绝对乙醚}} H_3CH_2C-\underset{R}{\overset{OMgCl}{C}}-CH_3 \xrightarrow{H_2O} H_3CH_2C-\underset{R}{\overset{OH}{C}}-CH_3$$

此方法是实验室制备醇的常用方法。

(四)α-氢原子的反应

具有 α-H 的醛、酮在碱的催化下，其中一分子醛或酮的 α-碳氢键断裂，与另一分子发生加成反应，生成 β-羟基醛或酮，β-羟基醛或酮受热脱水生成 α，β-不饱和醛、酮。在稀碱或稀酸的作用下，两分子的醛或酮可以互相作用，其中一个醛或酮分子中的 α-氢加到另一个醛或酮分子的羰基氧原子上，其余部分加到羰基碳原子上，生成一分子β-羟基醛或一分子 β-羟基酮。这个反应就是羟醛缩合或醇醛缩合。通过缩合，可以在分子中形成新的碳碳键，并增长碳链。例如：

$$H_3C-\overset{O}{\overset{\|}{C}}-H + H-CH_2-\overset{O}{\overset{\|}{C}}-H \xrightarrow{OH^-} H_3C-\underset{H}{\overset{OH}{C}}-\underset{H}{\overset{H}{C}}-\overset{O}{\overset{\|}{C}}-H \xrightarrow[\triangle]{-H_2O} H_3C-\underset{H}{C}=\underset{H}{C}-\overset{O}{\overset{\|}{C}}-H$$

$$H_3C-\overset{O}{\overset{\|}{C}}-CH_3 + H-CH_2-\overset{O}{\overset{\|}{C}}-CH_3 \xrightarrow{OH^-} H_3C-\underset{CH_3}{\overset{OH}{C}}-\underset{H}{\overset{H}{C}}-\overset{O}{\overset{\|}{C}}-CH_3 \xrightarrow[\triangle]{-H_2O} H_3C-\underset{CH_3}{C}=\underset{H}{C}-\overset{O}{\overset{\|}{C}}-CH_3$$

(五)坎尼扎罗反应

不含 α-H 的醛在浓碱溶液中，可以发生自身氧化还原反应，生成相应的羧酸和醇。此反应称为坎尼扎罗反应，为歧化反应。例如：

$$2\,C_6H_5-CHO \xrightarrow{NaOH} C_6H_5-COONa + C_6H_5-CH_2OH$$

$$C_6H_5-COONa \xrightarrow{H^+} C_6H_5-COOH$$

任务 11.3 醌

一、醌的分类

醌是含有共轭环已二烯二酮结构的化合物的总称，醌类化合物不是芳香族化合物，但它是根据其相应的芳烃进行分类的。例如，由苯衍生得到的醌称为苯醌，由萘衍生得到的醌称为萘醌，由蒽衍生得到的醌称为蒽醌。醌类分子中都具有对醌式或邻醌式结构，这样的结构称为醌型结构。具有醌型结构的化合物大多有颜色，对位醌多显黄色，邻位醌多显红色或橙色。醌类化合物普遍存在于色素、染料和指示剂等物质中。

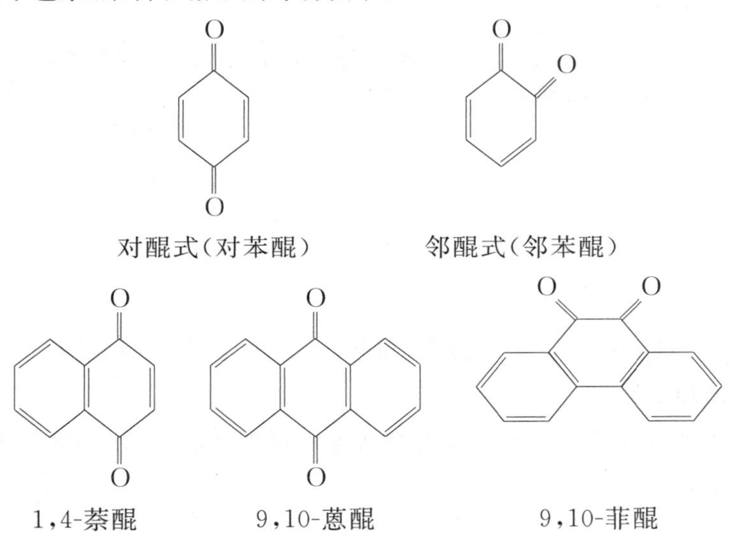

二、醌的命名

醌的衍生物的命名是以醌为母体，将支链看作取代基。例如：

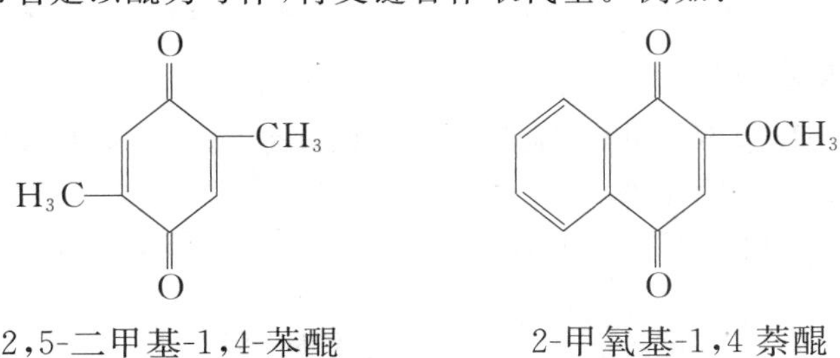

三、醌的性质

(一)物理性质

天然存在的醌类化合物多因分子中有酚羟基等助色团引入而为有色晶体。苯醌和萘醌多以游离态存在,而蒽醌一般结合成苷存在于植物体中,极性较大,难以得到晶体。

游离醌类化合物极性较小,一般溶于乙醇、乙醚、苯、氯仿等有机溶剂,基本不溶于水。游离的醌类化合物具有升华性,小分子的苯醌类及萘醌类还具有挥发性,能随水蒸气蒸馏,因此可利用此性质进行分离和纯化。

(二)化学性质

醌的分子结构中既有羰基,又有碳碳双键和共轭双键,因此可以发生羰基加成、碳碳双键加成以及共轭双键的1,4-加成等反应。

1.羰基的加成反应

醌中的羰基同醛、酮一样,能与某些亲核试剂发生加成反应。如对苯醌能分别与一分子或两分子羟胺作用得到单肟或双肟。

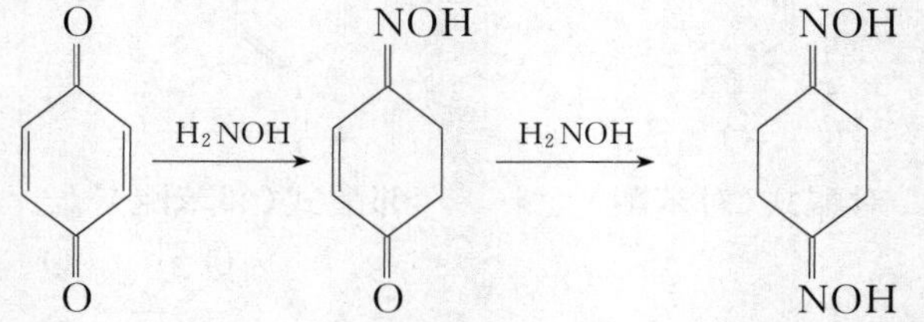

$$\text{对苯醌} \xrightarrow{H_2NOH} \text{对苯醌肟(单肟)} \xrightarrow{H_2NOH} \text{对苯醌二肟(双肟)}$$

对苯醌　　对苯醌肟(单肟)　　对苯醌二肟(双肟)

2.碳碳双键的加成反应

醌分子中的碳碳双键可以与卤素、卤化氢等亲电试剂加成。如对苯醌与溴加成可生成二溴化物或四溴化物。

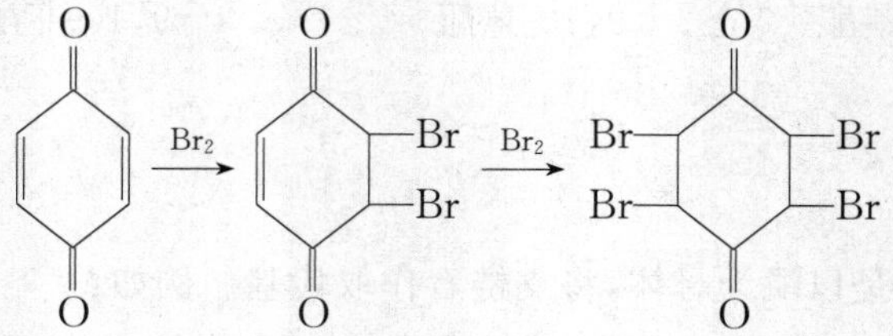

$$\text{对苯醌} \xrightarrow{Br_2} \text{二溴化物} \xrightarrow{Br_2} \text{四溴化物}$$

3.共轭双键的加成反应

苯醌中碳碳双键与碳氧双键共轭,能与一些亲核试剂发生1,4-加成反应。如对苯醌与氢氰酸加成可生成对苯二酚的衍生物。

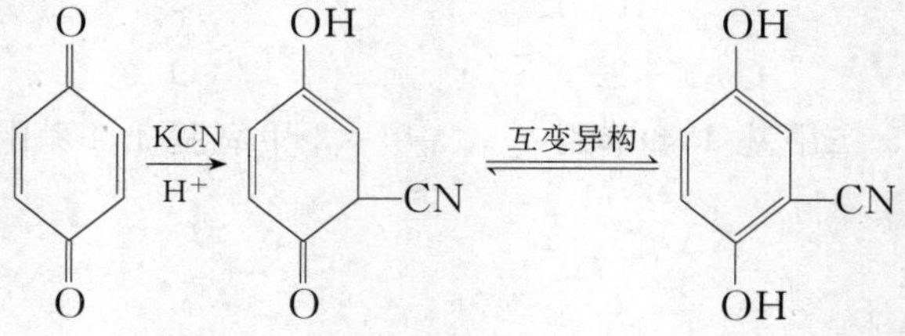

$$\text{对苯醌} \xrightarrow[H^+]{KCN} \text{(OH, CN 取代的烯醇式中间体)} \xrightleftharpoons{\text{互变异构}} \text{2-氰基对苯二酚}$$

除此之外，醌经过还原还可得到酚。如对苯醌在亚硫酸溶液中，被还原成对苯二酚（或称氢醌），这是工业上制取对苯二酚的一种方法。

$$\text{对苯醌 (O, O)} \underset{-2H}{\overset{+2H}{\rightleftharpoons}} \text{对苯二酚 (OH, OH)}$$

习题 11

一、选择题

1. 下列有机化合物中能发生坎尼扎罗反应的是（　　）。

A. 甲醛　　B. 乙醛　　C. 丙酮　　D. 乙醇

2. 医药上常用作消毒剂和防腐剂的福尔马林是 40% 的（　　）水溶液。

A. 乙醇　　B. 乙醛　　C. 乙酸　　D. 甲醛

3. 科学家研制出多种新型杀虫剂代替 DDT，化合物 A 是其中的一种，其结构如下。下列关于 A 的说法正确的是（　　）。

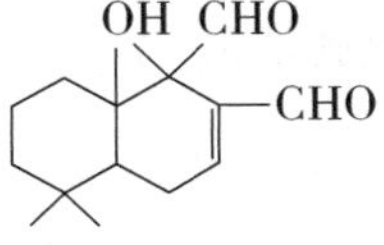

A. 化合物 A 的分子式为 $C_{15}H_{22}O_3$

B. 与 $FeCl_3$ 溶液发生反应后溶液显紫色

C. 1 mol A 最多可以与 2 mol $Cu(OH)_2$ 反应

D. 1 mol A 最多与 1 mol H_2 加成

4. 某有机化合物的结构简式为 $CH_2{=}CHCH(CH_3){-}CHO$，下列对其化学性质的判断，不正确的是（　　）。

A. 能被银氨溶液氧化

B. 1 mol 该有机化合物只能与 1 mol Br_2 发生加成反应

C. 能使酸性 $KMnO_4$ 溶液褪色

D. 1 mol 该有机化合物只能与 1 mol H_2 发生加成反应

5. 只用水就能鉴别的一组物质是（　　）。

A. 苯、乙酸、四氯化碳　　B. 乙醇、乙醛、乙酸

C. 乙醛、乙二醇、硝基苯　　D. 溴苯、乙醇、甘油

6. 从甜橙的芳香油中可分离得到结构如图的化合物：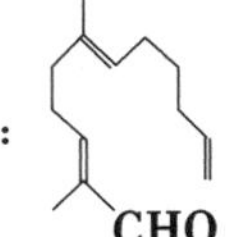

。现有试剂：①酸性

$KMnO_4$溶液；②H_2/Ni；③$[Ag(NH_3)_2]OH$；④新制 $Cu(OH)_2$悬浊液，能与该化合物中所有官能团发生反应的试剂有(　　)。

A. ①②　　B. ②③　　C. ③④　　D. ①④

7. 下列说法中正确的是(　　)。

A. 乙醛分子中的所有原子都在同一平面上

B. 凡是能发生银镜反应的有机化合物都是醛

C. 醛类既能被氧化为羧酸，又能被还原为醇

D. 甲醛是甲基跟醛基相连而构成的醛

8. 下列反应中，属于氧化反应的是(　　)

①$CH_2{=}CH_2+H_2 \longrightarrow CH_3CH_3$

②$2CH_3CHO+O_2 \xrightarrow[\triangle]{催化剂} 2CH_3COOH$

③$CH_3CH_2CHO+2Cu(OH)_2 \longrightarrow CH_3CH_2COOH+Cu_2O\downarrow+2H_2O$

④$CH_3COCH_3+H_2 \xrightarrow[\triangle]{催化剂} CH_3CH(OH)CH_3$

A. ②　　B. ②④

C. ②③　　D. ②③④

9. 下列试剂可用于鉴别1-己烯、甲苯和丙醛的是(　　)。

A. 银氨溶液和酸性高锰酸钾溶液

B. 酸性高锰酸钾溶液和溴的四氯化碳溶液

C. 氯化铁溶液

D. 银氨溶液和溴的四氯化碳溶液

10. 肉桂醛是一种食用香精，广泛应用于牙膏、糖果及调味品中。工业中可以通过下列反应制得：

$$C_6H_5{-}CHO + CH_3CHO \xrightarrow{一定条件} C_6H_5{-}CH{=}CHCHO + H_2O$$

下列说法不正确的是(　　)。

A. 肉桂醛的分子式为 C_9H_8O

B. 检验肉桂醛中是否残留有苯甲醛：加入酸性 $KMnO_4$溶液，看是否褪色

C. 1 mol 肉桂醛在一定条件下与 H_2加成，最多消耗 5 mol H_2

D. 肉桂醛中所有原子可能在同一平面上

二、请找出 $C_5H_{10}O$ 属于醛、酮的同分异构体，并按系统命名法进行命名

三、写出下列反应的主要生成物

(1) $C_6H_5\text{—}CHO + HCN \longrightarrow$

(2) $C_6H_5\text{—}CHO + NH_2\text{—}OH \longrightarrow$

(3) $CH_3CHO + NH_2\text{—}NH_2 \longrightarrow$

(4) $CH_3CHO \xrightarrow[\triangle]{\text{斐林试剂}}$

(5) $CH_3\text{—}\overset{O}{\overset{\|}{C}}\text{—}CH{=}CH_2 \xrightarrow[Ni]{H_2}$

(6) $CH_3\text{—}\overset{O}{\overset{\|}{C}}\text{—}CH{=}CH_2 \xrightarrow{LiAlH_4}$

(7) $2(CH_3)_3CCHO \xrightarrow[\triangle]{\text{浓 }NaOH}$

(8) $HCHO + C_6H_5\text{—}CHO \xrightarrow[\triangle]{\text{浓 }NaOH}$

项目 12 羧 酸

乙酸

由羰基和羟基组成的基团称为羧基，羧基（ $-\overset{O}{\overset{\|}{C}}-OH$ ）是羧酸的官能团，简写为—COOH。分子中含有羧基的有机化合物称为羧酸，常用通式 R—COOH 表示。

任务 12.1 羧酸的分类和命名

一、羧酸的分类

除甲酸外，羧酸可以看作烃分子中的氢原子被羧基取代的产物。可从不同角度对羧酸进行分类。

(1)根据分子中烃基的种类不同，羧酸可以分为脂肪族羧酸、脂环族羧酸和芳香族羧酸。例如：

$$H_3CH_2C-\overset{O}{\overset{\|}{C}}-OH \qquad C_6H_{11}-\overset{O}{\overset{\|}{C}}-OH \qquad C_6H_5-\overset{O}{\overset{\|}{C}}-OH$$

丙酸（脂肪族羧酸）　环己基甲酸（脂环族羧酸）　苯甲酸（芳香族羧酸）

(2)根据烃基是否饱和，羧酸可分为饱和羧酸和不饱和羧酸。例如：

$$H_2C{=}CH-\overset{O}{\overset{\|}{C}}-OH \qquad H_3C-H_2C-\overset{O}{\overset{\|}{C}}-OH$$

不饱和羧酸（丙烯酸）　饱和羧酸（丙酸）

(3)根据分子中所含羧基的数目不同，羧酸可分为一元羧酸、二元羧酸和三元羧酸。例如：

$$HO-\overset{O}{\overset{\|}{C}}-CH_3 \qquad HO-\overset{O}{\overset{\|}{C}}-CH_2-\overset{O}{\overset{\|}{C}}-OH \qquad \begin{array}{l} H_2C-COOH \\ \quad| \\ HC-COOH \\ \quad| \\ H_2C-COOH \end{array}$$

一元羧酸（乙酸）　二元羧酸（丙二酸）　三元羧酸（己三酸）

二、羧酸的命名

(一)普通命名法

自然界存在的脂肪主要成分是高级一元羧酸的甘油酯,因此,开链的一元羧酸又称脂肪酸。简单羧酸的命名常用俗名,俗名通常根据其来源获得,如甲酸是从蚂蚁蒸馏液中分离获得的,故名蚁酸;乙酸是从食醋中得到的,故名醋酸。常见羧酸的俗名见表 12-1。

表 12-1 常见羧酸的名称

化学式	系统名	俗 名	化学式	系统名	俗 名
HCOOH	甲酸	蚁酸	COOH | COOH	乙二酸	草酸
CH_3COOH	乙酸	醋酸	$H_2C(COOH)_2$	丙二酸	胡萝卜酸
$CH_3(CH_2)_2COOH$	丁酸	酪酸	CH_2COOH | CH_2COOH	丁二酸	琥珀酸
$CH_3(CH_2)_{14}COOH$	十六酸	软脂酸	C_6H_5—COOH	苯甲酸	安息香酸
$CH_3(CH_2)_{16}COOH$	十八酸	硬脂酸	C_6H_4(—COOH)(—COOH)(邻位)	邻苯二甲酸	酞酸
CH_2═CHCOOH	丙烯酸	败脂酸	C_6H_4(—COOH)(—OH)(邻位)	邻羟基苯甲酸	水杨酸
$CH(CH_2)_7CH_3$ ‖ $CH(CH_2)_7COOH$	顺-9-十八碳-烯酸	油酸	C_6H_5—CH═CHCOOH	3-苯丙烯酸	肉桂酸

(二)系统命名法

1. 饱和脂肪酸的命名

复杂的羧酸常用系统命名法,其命名原则与醛相同,命名时选择含有羧基的最长碳链为主链,编号从羧基碳原子开始,用阿拉伯数字标明主链碳原子的位次,根据主链上所含碳原子的数目称为"某酸";然后以"某酸"为母体,其他基团为取代基,在母体名称前加上取代基的名称和位次。一些简单脂肪酸也常用希腊字母标位,与羧基直接相连的碳原子为 α-碳,然后依次为 β-碳,γ-碳……例如:

$(CH_3)_2CHCH_2CH_2COOH$	$(CH_3CH_2)_2CHCH(CH_3)CH_2COOH$
4-甲基戊酸	3-甲基-4-乙基己酸
γ-甲基戊酸	β-甲基-γ-乙基己酸

2. **不饱和脂肪酸的命名**

若为不饱和脂肪酸，则选取含有羧基及不饱和键在内的最长碳链为主链，称为“某烯酸”或“某炔酸”。主链碳原子的编号仍从羧基开始，将不饱和键的位次写在“某烯酸”或“某炔酸”名称的前面。例如：

$$\overset{\delta}{\underset{5}{C}}H_3\overset{\gamma}{\underset{4}{C}}H_2\overset{\beta}{\underset{3}{C}}H(CH_3)\overset{\alpha}{\underset{2}{C}}H_2\underset{1}{C}OOH \qquad \overset{\delta}{\underset{5}{C}}H_3\overset{\gamma}{\underset{4}{C}}H{=}\overset{\beta}{\underset{3}{C}}H\overset{\alpha}{\underset{2}{C}}H_2\underset{1}{C}OOH$$

3-甲基戊酸(β-甲基戊酸)　　3-戊烯酸(β-戊烯酸)

3. **二元羧酸的命名**

二元羧酸的命名要选择包含两个羧基在内的最长碳链为主链，根据碳原子的个数称为“某二酸”，芳香族二元羧酸须注明两个羧基的位置。例如：

$HOOC—COOH$　　$HOOC—CH_2—CH_2—COOH$

乙二酸　　丁二酸

COOH, COOH (邻位)　　COOH, COOH (对位)

1,2-苯二甲酸　　1,4-苯二甲酸

4. **脂环羧酸和芳香族羧酸的命名**

芳香族羧酸分为两类，一类是羧基直接连在芳环上，此类最简单的是苯甲酸，其他的芳香族羧酸的命名以苯甲酸为母体，环上其他基团为取代基，并标明取代基的名称和位次。例如：

COOH　　COOH, CH_3, CH_3　　COOH, NO_2

苯甲酸　　2,4-二甲基苯甲酸　　3-硝基苯甲酸(间硝基苯甲酸)

另一类是羧基连在芳环侧链上。命名此类羧酸时，则以脂肪酸为母体，芳基为取代基。例如：

$CH_3CH(C_6H_5)CH_2CH_2COOH$　　$CH_2{=}C(C_6H_5)CH_2COOH$

4-苯基戊酸　　3-苯基-3-丁烯酸

任务 12.2 羧酸的性质

一、物理性质

1. 物态

常温常压下，C_1—C_3 的羧酸是无色、有刺激性气味的液体；C_4—C_9 的羧酸为液体；C_{10} 以上的一元羧酸为无色无味的白色固体，脂肪二元羧酸和芳香族羧酸都是白色晶体。

2. 溶解性

羧基是极性较强的亲水基团，其与水分子间的缔合比醇分子与水分子之间的缔合强，所以羧酸的溶解度比相应的醇大。C_1—C_4 的羧酸可以任意比例与水混溶；C_5 以上的羧酸随碳原子数增多，水溶性迅速降低；C_{10} 以上的羧酸不溶于水，但能溶于乙醇、乙醚、苯等有机溶剂。多元羧酸的水溶性大于同碳原子数的一元羧酸，芳香族羧酸一般难溶于水。

3. 沸点

羧基中的羰基氧是氢键中的质子受体，羟基氢则是质子供体，所以羧酸分子间可以形成两个氢键，并通过这两个氢键形成双分子缔合二聚体。因此，羧酸的沸点比相同碳原子数的醇的沸点高很多，例如甲酸的沸点(100.5 ℃)比甲醇的沸点(65.0 ℃)高。羧酸的沸点常随分子量增大而升高。

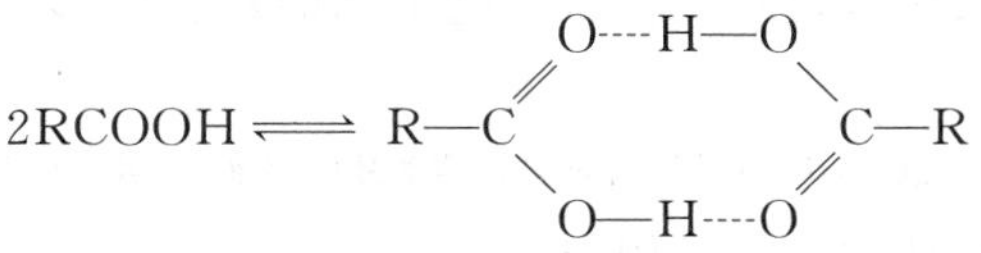

$$2RCOOH \rightleftharpoons R-C\begin{matrix} \overset{\displaystyle O\cdots H-O}{/\!/ \qquad\quad \backslash} \\ \underset{\displaystyle O-H\cdots O}{\backslash \qquad\quad /\!/} \end{matrix}C-R$$

羧酸双分子缔合二聚体

二、化学性质

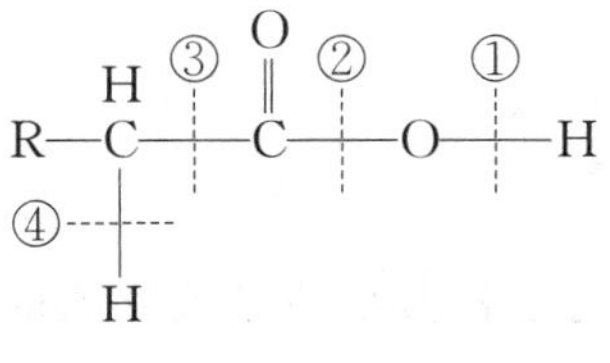

$$\begin{array}{c} \quad\ \ H \quad ③ \quad \overset{O}{\|} \quad ② \qquad ① \\ R-\underset{\underset{H}{|}}{C} \;\vdots\; -C- \;\vdots\; O \;\vdots\; H \\ ④\cdots \end{array}$$

① O—H 键断裂，显酸性。

② C—O 键断裂，羟基被取代。

③ C—C 键断裂，发生脱羧反应。

④ C—H 键断裂，α-氢原子被取代。

(一)酸性

思考与讨论

(1)食醋可以清除水壶中的少量水垢(主要成分是碳酸钙),这是利用了乙酸的什么性质?请写出相关反应的化学方程式。

(2)如何比较乙酸与碳酸、盐酸的酸性强弱?请查阅资料,小组讨论,设计实验方案。

羧酸在水中能解离出 H^+,呈酸性,能使紫色石蕊试纸变红。羧酸可与碳酸氢钠反应生成二氧化碳,说明其酸性比碳酸的酸性强。

$$CH_3COOH + H_2O \rightleftharpoons CH_3COO^- + H_3O^+$$

$$2RCOOH + 2Na \longrightarrow 2RCOONa + H_2\uparrow$$

$$RCOOH + NaOH \longrightarrow RCOONa + H_2O$$

$$2RCOOH + Na_2CO_3 \longrightarrow 2RCOONa + CO_2\uparrow + H_2O$$

$$RCOOH + NaHCO_3 \longrightarrow RCOONa + CO_2\uparrow + H_2O$$

羧酸盐具有盐的一般性质,易溶于水,用强的无机酸酸化,可以转化为原来的羧酸,这个性质可用于羧酸的鉴别、分离、回收和提纯。

$$RCOONa + HCl \longrightarrow RCOOH + NaCl$$

不同结构的羧酸,其酸性强弱各不相同,如饱和一元羧酸中,甲酸比其他羧酸的酸性都强。这是因为其他羧酸分子中烷基的供电子诱导效应使酸性减弱。当烷基上的氢原子被卤素原子、羟基、硝基等吸电子基取代后,酸性增强,吸电子基的数目越多,电负性越大,离羧基越近,羧酸的酸性就越强。例如:

酸性强弱:$FCH_2COOH > ClCH_2COOH > BrCH_2COOH > HCOOH > CH_3COOH > CH_3CH_2COOH$

对于芳香族羧酸也有同样的影响。例如:

COOH　COOH　COOH　COOH

酸性强弱: > > >

NO_2　Cl　CH_3

(二)羟基上的取代反应

在一定条件下,羧基中的羟基可以被其他原子或基团取代,生成羧酸衍生物。常见的羧酸衍生物有酯、酰卤、羧酐和酰胺。

1. 酯的生成

羧酸和醇在强酸(如浓硫酸)的催化作用下发生分子间脱水,生成酯和水的反应即酯化反应。酯化反应为可逆反应,速度很慢,同样条件下,酯和水也可以作用生成相应的羧酸和醇,即酯的水解反应。例如:

$$H_3C-\overset{\overset{O}{\|}}{C}-OH + CH_3CH_2OH \xrightleftharpoons{浓H_2SO_4} H_3C-\overset{\overset{O}{\|}}{C}-OCH_2CH_3 + H_2O$$

在反应过程中一般通过使一种反应物过量或不断移除生成的水来提高酯的产率。

用乙酸与含有同位素^{18}O的乙醇进行酯化反应，发现生成的酯含有^{18}O。这个实验事实说明：在酯化反应中，羧酸分子的酰氧键断裂，羧酸的羟基被醇分子中的烃氧基取代。

$$CH_3-\overset{\overset{O}{\|}}{C}-OH + H-{}^{18}O-CH_2CH_3 \underset{\triangle}{\overset{H_2SO_4}{\rightleftharpoons}} CH_3-\overset{\overset{O}{\|}}{C}-{}^{18}O-CH_2CH_3 + H_2O$$

酯化反应的应用

2. **酸酐的生成**

羧酸在P_2O_5、浓H_2SO_4等脱水剂的作用下或加热条件下，可发生分子间脱水，生成酸酐。例如：

$$RCOOH + R'COOH \xrightarrow[\triangle]{脱水剂} R-\overset{\overset{O}{\|}}{C}-O-\overset{\overset{O}{\|}}{C}-R' + H_2O$$

3. **生成酰卤**

羧基中的羟基被卤素取代的产物称为酰卤，其中最重要的是酰氯。羧酸在三氯化磷(PCl_3)、五氯化磷(PCl_5)、亚硫酰氯(SO_2Cl_2)等氯化物作用下，分子中的羟基可以被卤原子取代，生成酰卤。例如：

$$3H_3C-\overset{\overset{O}{\|}}{C}-OH + PCl_3 \longrightarrow 3H_3C-\overset{\overset{O}{\|}}{C}-Cl + H_3PO_3$$

4. **生成酰胺**

羧酸与氨(或胺)反应生成铵盐，然后干燥的铵盐高温分解，脱水得到酰胺。例如：

$$H_3C-\overset{\overset{O}{\|}}{C}-OH + NH_3 \longrightarrow H_3C-\overset{\overset{O}{\|}}{C}-ONH_4 \xrightarrow{\triangle} H_3C-\overset{\overset{O}{\|}}{C}-NH_2 + H_2O$$

(三)脱羧反应

羧酸在加热的条件下脱去羧基并放出CO_2的反应称为脱羧反应。饱和一元羧酸对热稳定，一般不发生脱羧反应，但其盐或羧酸中含有吸电子基时受热可以发生脱羧反应。

α-羟基酸在一定条件下可发生脱羧反应，如与酸性高锰酸钾共热，分解脱水生成醛或酮。

$$\underset{\underset{OH}{|}}{RCH}COOH \xrightarrow[H^+]{KMnO_4} R-\overset{\overset{O}{\|}}{C}-H + CO_2\uparrow + H_2O$$

$$R-\overset{\overset{O}{\|}}{C}-H \xrightarrow{KMnO_4} RCOOH$$

羧酸钠与碱石灰($NaOH+CaO$)共热，发生脱羧反应，生成烷烃。例如：

$$CH_3COONa + NaOH \xrightarrow[\triangle]{CaO} CH_4\uparrow + Na_2CO_3$$

(四)还原反应

羧基虽然含有碳氧双键，但由于受羟基的影响，失去了典型羰基的性质，在一般条件下不容易被还原。但是强还原剂如氢化铝锂（$LiAlH_4$）等金属氢化物却能顺利地将羧酸还原为伯醇。

$$RCOOH \xrightarrow[H_3O^+]{LiAlH_4/C_2H_5OC_2H_5} RCH_2OH$$

氢化铝锂是一种具有高度选择性的还原剂，它可以还原许多具有羰基结构的化合物，但不能还原碳碳双键和碳碳三键。利用氢化铝锂的这一性质可制备不饱和伯醇。例如：

$$CH_2{=}CHCH_2COOH \xrightarrow[H_3O^+]{LiAlH_4} CH_2{=}CHCH_2CH_2OH$$

任务 12.3　重要的羧酸

一、甲酸

甲酸，俗称蚁酸，是一种有刺激性气味的无色液体，可与水混溶，易溶于乙醇、乙醚等有机溶剂。具有较强的酸性（$pK_a=3.76$），是饱和一元羧酸中酸性最强的，并且具有极强的腐蚀性，能刺激皮肤，使用时应避免与皮肤接触。

甲酸是重要的有机化工原料，被广泛用于制取甲酸酯和某些染料；还可作为还原剂、媒染剂和橡胶凝胶剂；另外，甲酸还具有杀菌能力，可作消毒剂和防腐剂。

甲酸的结构比较特殊，既有羧基又有醛基，是一个具有双官能团的有机化合物。因此，甲酸既有羧酸的一般性质，也有醛的某些性质。例如：

(1)甲酸具有酸性，也较易发生脱水、脱羧反应，当与浓硫酸共热时，则分解成一氧化碳和水。

$$HCOOH \xrightarrow[H_2SO_4]{60\sim80\ ℃} CO\uparrow + H_2O$$

(2)甲酸具有还原性，不仅可被酸性高锰酸钾等强氧化剂氧化，还可被弱氧化剂（如托伦试剂）氧化。因此可利用银镜反应区别甲酸与其他羧酸。

$$HCOOH \xrightarrow[H^+]{KMnO_4} CO_2\uparrow + H_2O$$

$$HCOOH + 2Ag(NH_3)_2OH \longrightarrow 2Ag\downarrow + (NH_4)_2CO_3 + 2NH_3 + H_2O$$

二、乙二酸（$H_2C_2O_4$）

乙二酸是最简单的二元酸，通常以盐的形式存在于许多植物体内，故俗称草酸。草酸常含有两分子结晶水，是无色片状晶体，易溶于水和乙醇。将其加热至 105 ℃左右时，它就会失去结晶水变成无水草酸。

乙二酸的酸性比其他二元羧酸强，除了具有羧酸的通性外，还具有还原性，能与金属形成配合物。乙二酸可以被高锰酸钾氧化成二氧化碳和水。这一反应是定量进行的，故在分析实验中常用纯乙二酸来标定高锰酸钾溶液的浓度。

$$5H_2C_2O_4+2MnO_4^-+6H^+\longrightarrow 2Mn^{2+}+10CO_2\uparrow+8H_2O$$

乙二酸是生产抗菌素和冰片等药物的重要原料。在工业上还常用作还原剂、漂白剂、媒染剂等,也可用来除铁锈或墨渍。因为草酸能和许多金属离子配合,生成可溶性的配合离子,所以还可以用来提取稀有元素。

三、苯甲酸

苯甲酸是典型的芳香酸,存在于安息香胶及其他一些树脂中,故俗称安息香酸。其纯品为白色鳞片状晶体,能升华,微溶于冷水,能溶于乙醇、乙醚、氯仿等有机溶剂。苯甲酸具有较强的抑菌、防腐作用,其钠盐是食品和药液中常用的防腐剂。

四、水杨酸

水杨酸学名邻羟基苯甲酸,存在于柳树皮、水杨树皮及其他许多植物中,故俗称柳酸。水杨酸是白色针状晶体,稍溶于水,易溶于乙醇和乙醚。

水杨酸分子中含有酚羟基和羧基,因此它具有酚和羧酸的一般性质,如易氧化,遇氯化铁呈紫色,水溶液显酸性,能成盐、成酯等。

水杨酸具有消毒、防腐、解热、镇痛和抗风湿的作用,其许多衍生物都是重要的药物,例如解热镇痛兼抗风湿作用药阿司匹林、抗结核病药对氨基水杨酸等。

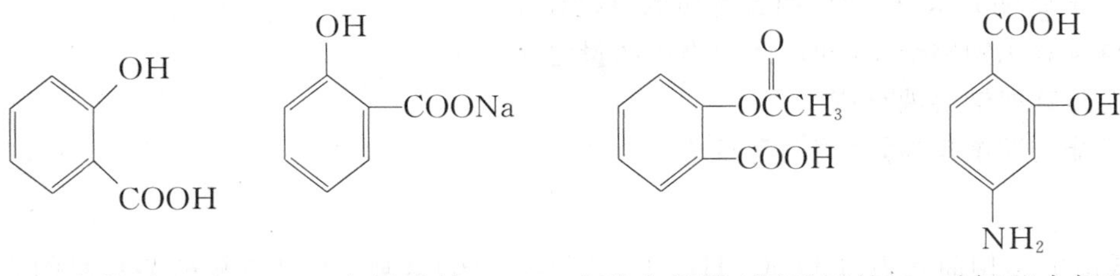

水杨酸　　水杨酸钠　　乙酰水杨酸(阿司匹林)　　对氨基水杨酸

习 题 12

一、选择题

1. 下列酸中属于不饱和脂肪酸的是(　　)。

A. 甲酸　B. 草酸　C. 硬脂酸　D. 油酸

2. 下列化合物中,能与托伦试剂发生银镜反应的是(　　)。

A. 甲酸　B. 乙酸　C. 乙酸甲酯　D. 乙酸乙酯

3. 乙酸的俗称是(　　)。

A. 蚁酸　B. 醋酸　C. 乳酸　D. 水杨酸

4. 下列化合物中,酸性最强的是(　　)。

A. 乙二酸　B. 乙醇　C. 乙酸　D. 乙醛

5. 下列化合物中，属于芳香羧酸的是(　　)。

A. 甲酸　　B. 乙酸　　C. 乙二酸　　D. 苯甲酸

6. 下列羧酸酸性最强的是(　　)。

A. 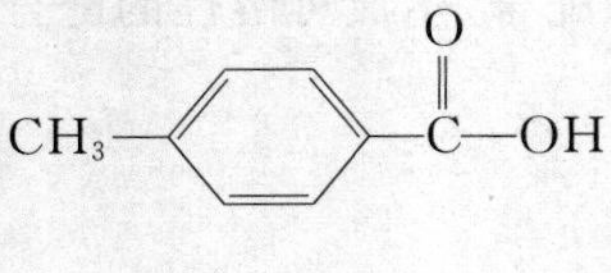 $CH_3-C_6H_4-\overset{O}{\overset{\|}{C}}-OH$

B. $O_2N-C_6H_2(NO_2)_2-\overset{O}{\overset{\|}{C}}-OH$（两个 NO_2 位于羧基两侧邻位）

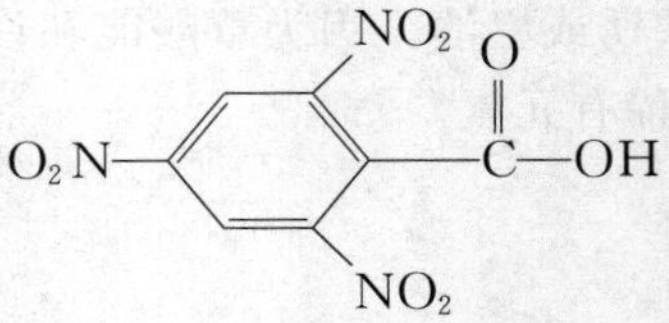

C. $O_2N-C_6H_4-\overset{O}{\overset{\|}{C}}-OH$

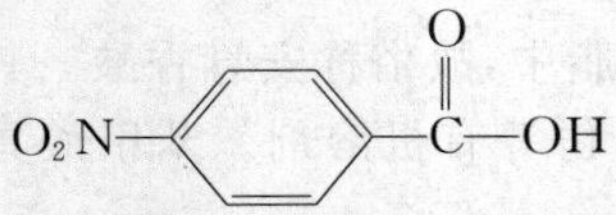

D. 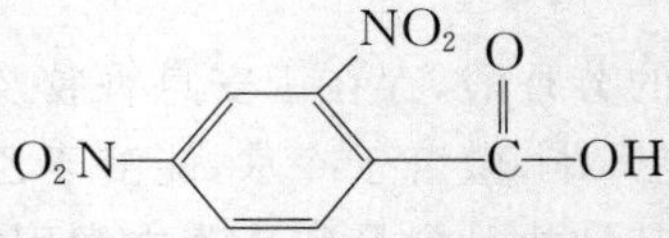 $O_2N-C_6H_3(NO_2)-\overset{O}{\overset{\|}{C}}-OH$（$NO_2$ 位于羧基邻位）

7. 下列物质中，既能使高锰酸钾溶液褪色，又能使溴水褪色，还能与 NaOH 发生中和反应的物质是(　　)。

A. $CH_2=CHCOOH$　　B. $C_6H_5CH_3$

C. C_6H_5COOH　　D. CH_3COOH

8. 有机化合物 A 的结构简式为 HO—(苯环，COOH)—CH_2OH 。下列有关 A 性质的叙述，说法错误的是(　　)。

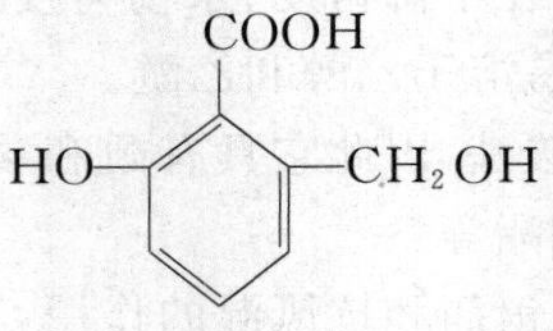

A. A 与金属钠完全反应时，两者物质的量之比是 1∶3

B. A 与氢氧化钠完全反应时，两者物质的量之比是 1∶3

C. A 能与碳酸钠溶液反应

D. A 既能与羧酸反应，又能与醇反应

9. 柠檬酸的结构简式为 $HOOCCH_2-\underset{COOH}{\underset{|}{\overset{OH}{\overset{|}{C}}}}-CH_2COOH$ ，则 1 mol 柠檬酸与足量的金属钠反应，最多可消耗钠(　　)mol。

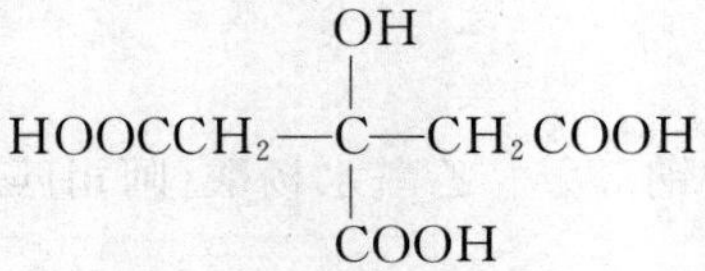

A. 2　　B. 3　　C. 4　　D. 5

10. 咖啡酸具有止血、镇咳、祛痰等疗效，其结构简式为 (HO)(HO)—苯环—$CH=CH-COOH$ 。下列有关咖啡酸的说法，不正确的是(　　)。

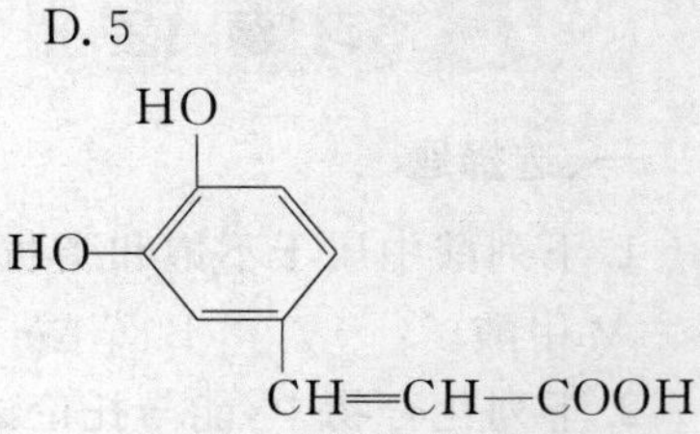

A. 咖啡酸可以发生还原、取代、加聚等反应

B. 咖啡酸与 $FeCl_3$ 溶液可以发生显色反应

C. 1 mol 咖啡酸可以与 4 mol H_2 发生加成反应

D. 1 mol 咖啡酸与足量 $NaHCO_3$ 溶液反应，最多能消耗 3 mol $NaHCO_3$

二、思考并完成问题

苹果酸是一种常见的有机酸，其结构简式为：$HOOC\underset{}{\overset{OH}{\overset{|}{C}}}HCH_2COOH$。

1. 苹果酸分子中所含官能团的名称是____________________。

2. 苹果酸不可能发生的反应有（选填序号）____________________。

①加成反应 ②酯化反应 ③加聚反应 ④氧化反应 ⑤消去反应 ⑥取代反应

3. 物质 A（$C_4H_5O_4Br$）在一定条件下可发生水解反应，得到苹果酸和溴化氢。由 A 制取苹果酸的化学方程式是：____。

三、用系统命名法命名下列化合物

(1) 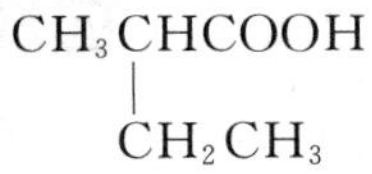 $CH_3\underset{\underset{CH_2CH_3}{|}}{C}HCOOH$

(2) $CH_3\underset{\underset{CH_3}{|}}{C}H\overset{\overset{CH_3}{|}}{C}HCOOH$

(3) $CH_3CH_3\underset{\underset{CH_2}{\|}}{C}CH_2COOH$

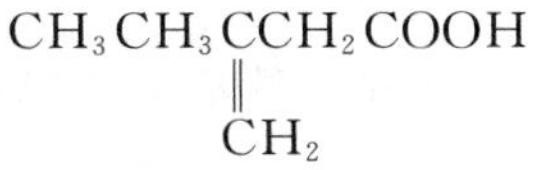

(4) $CH_2{=}CHCH_2COOH$

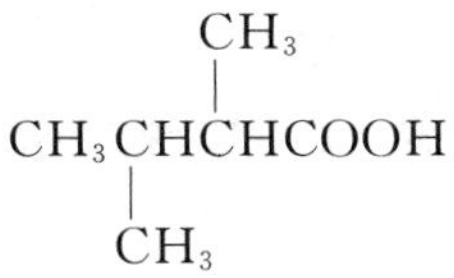

(5) $HOOC(CH_2)_5COOH$

(6) 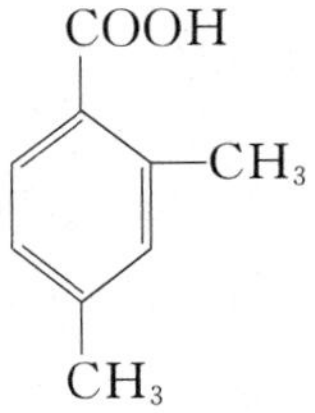 苯环：1位 —COOH，2位 —CH_3，4位 —CH_3

(7) 苯环：—COOH，邻位 —Cl

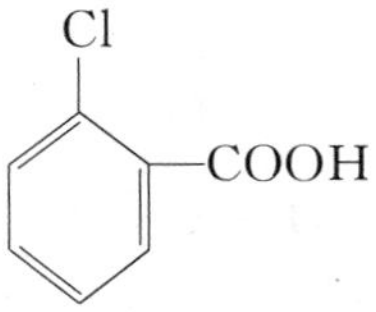

项目 13　羧酸衍生物

羧酸分子中羧基上的羟基被其他原子或基团取代生成的产物称为羧酸衍生物，主要有酰卤、酸酐、酯、酰胺等。这些有机化合物分子结构中均含有酰基，因而也被称为酰基化合物，可用通式 $R-\overset{\overset{\displaystyle O}{\|}}{C}-L$ 来表示。例如：

尿素

$$\underset{\text{酰卤}}{R-\overset{\overset{\displaystyle O}{\|}}{C}-X}\qquad \underset{\text{酰胺}}{R-\overset{\overset{\displaystyle O}{\|}}{C}-NH_2}\qquad \underset{\text{酯}}{R-\overset{\overset{\displaystyle O}{\|}}{C}-O-R'}\qquad \underset{\text{酸酐}}{R-\overset{\overset{\displaystyle O}{\|}}{C}-O-\overset{\overset{\displaystyle O}{\|}}{C}-R'}$$

酰基是羧酸分子去掉羟基后剩下的基团，而酰基的命名则是将相应羧酸的名称"某酸"改为"某酰基"。例如：

$$\underset{\text{乙酸}}{CH_3-\overset{\overset{\displaystyle O}{\|}}{C}-OH}\qquad \underset{\text{乙酰基}}{CH_3-\overset{\overset{\displaystyle O}{\|}}{C}-}$$

$$\underset{\text{苯甲酸}}{C_6H_5-\overset{\overset{\displaystyle O}{\|}}{C}-OH}\qquad \underset{\text{苯甲酰基}}{C_6H_5-\overset{\overset{\displaystyle O}{\|}}{C}-}$$

任务 13.1　羧酸衍生物的命名

一、酰卤和酰胺的命名

酰卤和酰胺的命名就是在酰基名称后加上卤素原子或胺的名称。例如：

$$\underset{\text{丙酰氯}}{H_3CH_2C-\overset{\overset{\displaystyle O}{\|}}{C}-Cl}\qquad \underset{\text{丁酰溴}}{H_3CH_2CH_2C-\overset{\overset{\displaystyle O}{\|}}{C}-Br}\qquad \underset{\text{丙酰胺}}{H_3CH_2C-\overset{\overset{\displaystyle O}{\|}}{C}-NH_2}$$

两个酰基与一个氮原子相连的酰胺称为酰亚胺；环状酰胺称为内酰胺，青霉素类及头孢菌素类抗生素均含有β-内酰胺结构。例如：

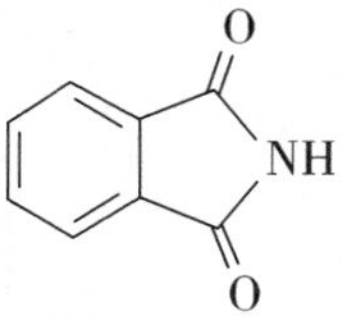

1,2-苯二甲酰亚胺 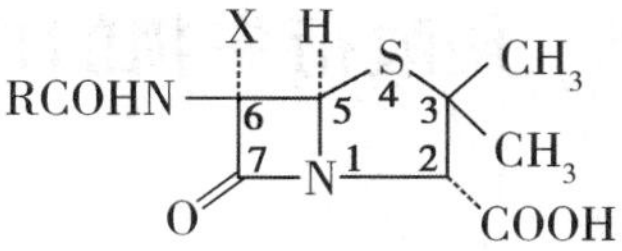　　青霉素类 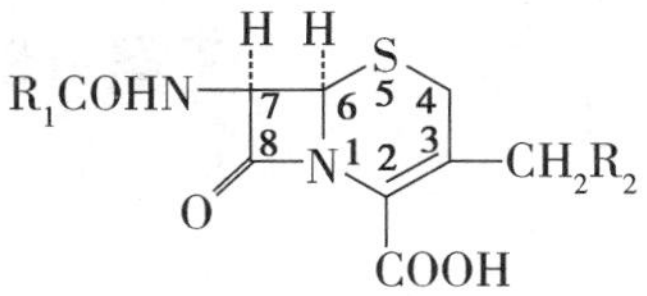　　头孢菌素类

若酰胺分子中的氮原子上连有取代基，则在取代基名称前加“*N*”标出。例如：

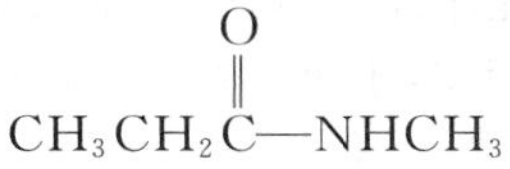

$$CH_3CH_2\overset{O}{\overset{\|}{C}}—NHCH_3$$

N-甲基丙酰胺

$$H—\overset{O}{\overset{\|}{C}}—N(CH_3)_2$$

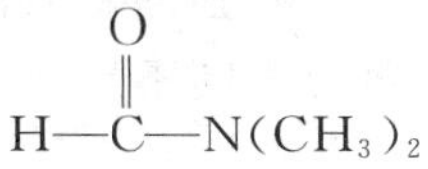

N,*N*-二甲基甲酰胺

二、酯的命名

酯的命名是根据其水解生成的羧酸和醇的名称来的，羧酸的名称在前，醇的名称在后，但须将“醇”改为“酯”，称为“某酸某酯”。例如：

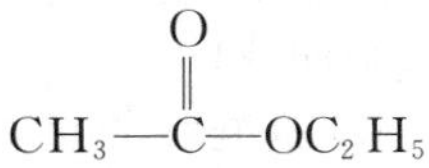

$$CH_3—\overset{O}{\overset{\|}{C}}—OC_2H_5$$

乙酸乙酯

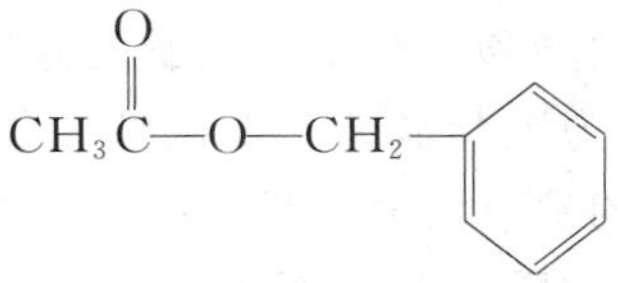

$$CH_3\overset{O}{\overset{\|}{C}}—O—CH_2—C_6H_5$$

乙酸苯甲酯

$$C_6H_4(COOCH_3)_2$$

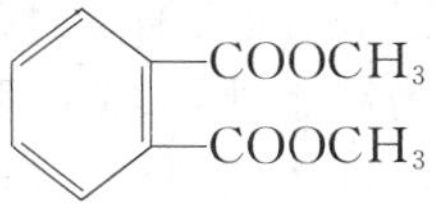

邻苯二甲酸二甲酯

三、酸酐的命名

酸酐是羧酸脱水的产物，也可以看成是一个氧原子连接两个酰基所形成的化合物。根据脱水的两个羧酸分子是否相同，可将酸酐分为单(酸)酐和混(酸)酐。酸酐的命名是在相应的羧酸名称后加上“酐”字，单酐直接在羧酸的后面加“酐”字即可，称为“某酸酐”；命名混酐时，小分子的羧酸在前，大分子的羧酸在后；如有芳香酸时，则芳香酸在前，称为“某某酸酐”。例如：

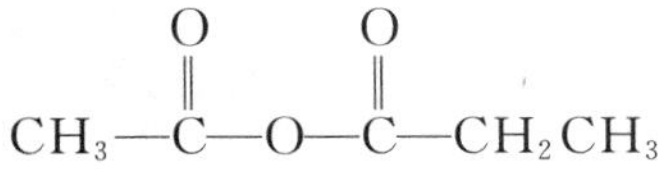

$$CH_3—\overset{O}{\overset{\|}{C}}—O—\overset{O}{\overset{\|}{C}}—CH_2CH_3$$

乙(酸)丙酸酐

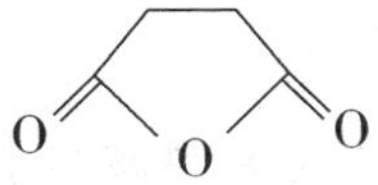

丁二酸酐

$$C_6H_5—\overset{O}{\overset{\|}{C}}—O—\overset{O}{\overset{\|}{C}}—C_6H_5$$

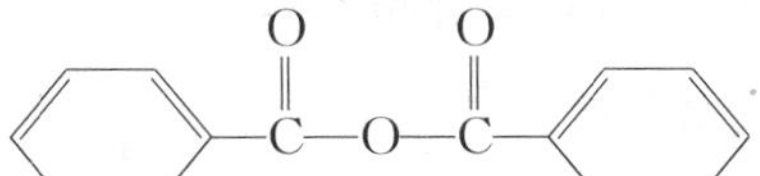

苯甲酸酐

任务 13.2　羧酸衍生物的性质

一、物理性质

(1)低级酰氯大多数是有强烈刺激性气味的无色液体。高级酰氯为白色固体，沸点比相应的羧酸低，这是因为酰氯分子间不形成氢键。酰氯不溶于水，易溶于有机溶剂，低级酰氯遇水水解。

(2)低级酸酐是具有刺激性气味的无色液体，高级酸酐为无色无味的固体。酸酐的沸点比相对分子量相近的羧酸低。酸酐难溶于水而溶于有机溶剂。

(3)酯在自然界中广泛存在，许多花果的香味都是由它们引起的，所以在化妆品及食品工业中大量使用酯来配制各种香精。低级酯是具有水果香味的无色液体，高级酯多为蜡状固体。酯的沸点比相对分子质量相近的醇和羧酸都低。除低级酯(C_3—C_5)微溶于水外，其他酯都不溶于水，但易溶于乙醇、乙醚等有机溶剂，有些酯本身也是优良的有机溶剂，例如油漆工业中常用的“香蕉水”就是用乙酸乙酯、乙酸异戊酯和某些酮、醇、醚及芳烃等配制而成的。

(4)除甲酰胺为液态外，其他酰胺均为无色晶体。低级酰胺能溶于水，随酰胺的相对分子质量的增大，其溶解性逐渐降低。酰胺的沸点比分子量相近的羧酸沸点高，这是因为酰胺分子间的缔合作用较强。相对分子质量相近的羧酸及其衍生物的沸点高低顺序为：酰胺＞羧酸＞酸酐＞酯＞酰氯。

二、化学性质

羧酸衍生物分子中均含有酰基，而且与酰基相连的都是吸电子基团，所以它们的性质很相似，主要表现为带部分正电荷的羰基碳原子易受亲核试剂的进攻，发生水解、醇解、氨解等反应；受羰基的影响，α-H 表现为酸性；另外，羧酸衍生物的羰基也能发生还原反应。

(一)水解、醇解和氨解

1. 水解反应

羧酸衍生物能发生水解反应(羧酸衍生物的酰基与水的羟基结合)生成羧酸。例如：

$$H_3CH_2C—\overset{\overset{O}{\|}}{C}—Cl + H_2O \longrightarrow H_3CH_2C—\overset{\overset{O}{\|}}{C}—OH + HCl$$

$$H_3CH_2C—\overset{\overset{O}{\|}}{C}—O—\overset{\overset{O}{\|}}{C}—CH_2CH_3 + H_2O \xrightarrow{\triangle} 2H_3CH_2C—\overset{\overset{O}{\|}}{C}—OH$$

$$H_3CH_2C—\overset{\overset{O}{\|}}{C}—OCH_3 + H_2O \xrightarrow[\text{或 } OH^-,\triangle]{H^+} H_3CH_2C—\overset{\overset{O}{\|}}{C}—OH + CH_3OH$$

$$H_3CH_2C-\overset{\overset{\large O}{\|}}{C}-NH_2 + H_2O \xrightarrow{\text{回流}} \begin{cases} \xrightarrow{H^+} H_3CH_2C-\overset{\overset{\large O}{\|}}{C}-OH + NH_4^+ \\ \xrightarrow{OH^-} H_3CH_2C-\overset{\overset{\large O}{\|}}{C}-O^- + NH_3\uparrow \end{cases}$$

2. 醇解反应

羧酸衍生物的醇解与水解反应相似，即羧酸衍生物的酰基与醇中的烷氧基结合成酯。例如：

$$\left.\begin{matrix} R-\overset{\overset{\large O}{\|}}{C}-X \\ R-\overset{\overset{\large O}{\|}}{C}-O-\overset{\overset{\large O}{\|}}{C}-R' \\ R-\overset{\overset{\large O}{\|}}{C}-OR' \\ R-\overset{\overset{\large O}{\|}}{C}-NH_2 \end{matrix}\right. + H-OR'' \longrightarrow R-\overset{\overset{\large O}{\|}}{C}-OR'' + \begin{matrix} HX \\ R'-\overset{\overset{\large O}{\|}}{C}-OH \\ R'OH \\ NH_3 \end{matrix}$$

酯的醇解反应可生成新的酯，这个反应称为酯的交换，酯的交换反应可用于制备一些高级酯或一般难以直接用酯化反应合成的酯，也常用于药物及其中间体的合成。例如：

$$CH_3OOC-C_6H_4-COOCH_3 + 2HOCH_2CH_2OH \xrightarrow{H^+} HOCH_2CH_2OOC-C_6H_4-COOCH_2CH_2OH + 2CH_3OH$$

3. 氨解反应

羧酸衍生物能与氨(或胺)作用生成酰胺，这是制备酰胺的常用方法。例如：

$$\left.\begin{matrix} R-\overset{\overset{\large O}{\|}}{C}-X \\ R-\overset{\overset{\large O}{\|}}{C}-O-\overset{\overset{\large O}{\|}}{C}-R' \\ R-\overset{\overset{\large O}{\|}}{C}-OR' \end{matrix}\right. + H-NH_2 \longrightarrow R-\overset{\overset{\large O}{\|}}{C}-NH_2 + \begin{matrix} HX \\ R'-\overset{\overset{\large O}{\|}}{C}-OH \\ R'OH \end{matrix}$$

(二)还原反应

羧酸衍生物可以被 $LiAlH_4$ 等还原剂还原，酰氯、酸酐、酯被还原成相应的醇，酰胺被还原成胺。

酰基化反应的应用

$$R-\overset{O}{\overset{\|}{C}}-Cl \xrightarrow{LiAlH_4} RCH_2-OH$$

$$R-\overset{O}{\overset{\|}{C}}-O-\overset{O}{\overset{\|}{C}}-R \xrightarrow{LiAlH_4} RCH_2-OH$$

$$H_2C=CH-\overset{O}{\overset{\|}{C}}-OCH_3 \xrightarrow{LiAlH_4} H_2C=CH-CH_2-OH$$

$$R-\overset{O}{\overset{\|}{C}}-NH_2 \xrightarrow{LiAlH_4} RCH_2-NH_2$$

任务 13.3 重要的羧酸衍生物

一、乙酰氯（ $CH_3-\overset{O}{\overset{\|}{C}}-Cl$ ）

乙酰氯为无色、有刺激性气味的发烟液体，能与乙醚、氯仿、冰醋酸、苯和汽油混溶，室温下能被空气中的湿气分解，所以要密封保存。乙酰氯是重要的乙酰化试剂，常用于有机化合物、染料及药品的生产。

二、乙酸酐（ $CH_3-\overset{O}{\overset{\|}{C}}-O-\overset{O}{\overset{\|}{C}}-CH_3$ ）

乙酸酐又名醋(酸)酐，为无色、有醋酸气味的液体，溶于乙醚、苯和氯仿，微溶于水，并逐渐水解成醋酸。乙酸酐是一种优良的溶剂，也是重要的乙酰化试剂，可用于制造纤维素乙酸酯、乙酸塑料等；在医药工业中用于制造咖啡因和阿司匹林等；还可用于染料、香料的工业生产。

三、邻苯二甲酸酐（[苯环并五元环酸酐结构：环上含 O，两侧各有 C=O] ）

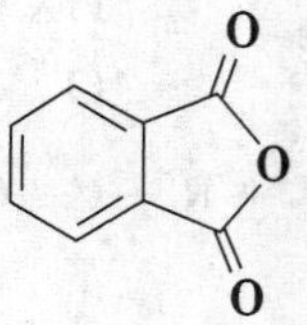

邻苯二甲酸酐俗称苯酐，为白色针状晶体，易升华，溶于沸水可被水解成邻苯二甲酸。苯酐广泛用于制造染料、药物、树脂、增塑剂等。

苯酐与苯酚在浓硫酸等脱水剂作用下，可发生缩合反应生成酚酞。酚酞是白色晶体，不溶于水，易溶于乙醇，是常用的酸碱指示剂，在医药上可用作缓泻剂。

四、乙酸乙酯（$CH_3-\overset{\overset{\displaystyle O}{\|}}{C}-O-CH_2-CH_3$）

乙酸乙酯为无色、可燃性液体，有水果香味，微溶于水，溶于乙醇、乙醚和氯仿等有机溶剂。乙酸乙酯广泛用于工业溶剂、涂料、黏合剂等产品中，也是制药工业和有机合成的重要原料。

五、碳酰胺（$H_2N-\overset{\overset{\displaystyle O}{\|}}{C}-NH_2$）

碳酰胺也称尿素或脲，是白色晶体，易溶于水和乙醇，但不溶于乙醚。

尿素具有双酰胺的结构，所以与酰胺具有相似的化学性质，但由于分子中两个氨基连在同一个羰基上，因此又具有一些特性。

1. 成盐

尿素呈弱碱性，能与强酸作用生成盐。例如：

$$\underset{\text{尿素}}{H_2N-\overset{\overset{\displaystyle O}{\|}}{C}-NH_2} + HNO_3 \longrightarrow \underset{\text{硝酸脲}}{H_2N-\overset{\overset{\displaystyle O}{\|}}{C}-NH_2 \cdot HNO_3}$$

生成的硝酸脲不溶于硝酸和水，利用这一特性可从尿液中提取尿素。

2. 缩合

将尿素缓慢加热，两分子尿素可脱去一分子氨生成缩二脲。

$$H_2N-\overset{\overset{\displaystyle O}{\|}}{C}-NH_2 + H-HN-\overset{\overset{\displaystyle O}{\|}}{C}-NH_2 \xrightarrow{\triangle} \underset{\text{缩二脲}}{H_2N-\overset{\overset{\displaystyle O}{\|}}{C}-NH-\overset{\overset{\displaystyle O}{\|}}{C}-NH_2} + NH_3\uparrow$$

在缩二脲的碱性溶液中，滴加少量的稀硫酸铜溶液，溶液呈现紫红色，这个显色反应称为缩二脲反应。凡是分子中含有两个或两个以上酰胺键结构的有机化合物，如多肽、蛋白质等，都可以发生缩二脲反应。该性质常用于有机分析和药物分析鉴定。

习题 13

一、选择题

1. 胆固醇是人体必需的生物活性物质，分子式为 $C_{27}H_{46}O$，一种胆固醇酯是液晶材料，分子式为 $C_{34}H_{50}O_2$，生成这种胆固醇酯的羧酸是（　　）。

A. $C_6H_{13}COOH$　B. C_7H_5COOH　C. $C_7H_{15}COOH$　D. $C_6H_5CH_2COOH$

2. 某有机化合物的结构简式是 $CH_3—\overset{O}{\overset{\|}{C}}—O—C_6H_4—COOH$。关于它的性质，下列描述正确的是(　　)。

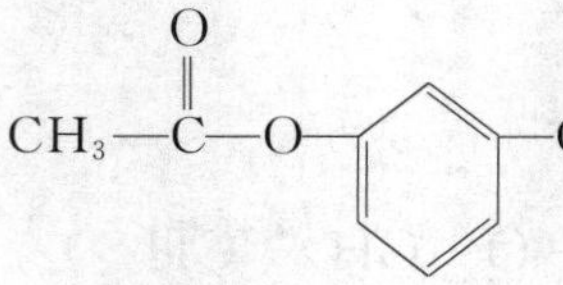

①能发生加成反应　②能溶解于 NaOH 溶液中，且消耗 NaOH 3 mol

③能水解生成两种酸　④不能使溴水褪色　⑤能发生酯化反应　⑥有酸性

A. 仅①②③　　B. 仅②③⑤　　C. 仅⑥　　D. ①②③④⑤⑥

3. 乙酸乙酯在 KOH 溶液催化下水解得到的产物是(　　)。

A. 乙酸和乙醇　　B. 乙酸钾和乙醇　　C. 甲酸和乙醇　　D. 乙酸和甲醇

4. 脲的俗称是(　　)。

A. 阿司匹林　　B. 巴比妥酸　　C. 石炭酸　　D. 尿素

5. 阿魏酸在食品、医药等方面有着广泛的用途。一种合成阿魏酸的反应可表示为

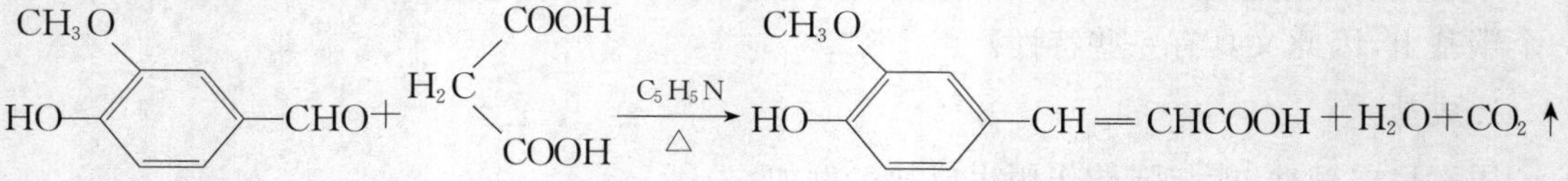

$$\underset{\text{香兰素}}{HO-C_6H_3(OCH_3)-CHO} + \underset{\text{丙二酸}}{H_2C(COOH)_2} \xrightarrow[\triangle]{C_5H_5N} \underset{\text{阿魏酸}}{HO-C_6H_3(OCH_3)-CH=CHCOOH} + H_2O + CO_2\uparrow$$

下列说法正确的是(　　)。

A. 可用酸性 $KMnO_4$ 溶液检测上述反应是否有阿魏酸生成

B. 香兰素、阿魏酸均可与 $NaHCO_3$、NaOH 溶液反应

C. 通常条件下，香兰素、阿魏酸都能发生取代、加成、消去反应

D. 香兰素能发生银镜反应，而阿魏酸不能发生银镜反应

6. 乙酸和甲酸甲酯的关系为(　　)。

A. 位置异构　　B. 碳链异构　　C. 官能团异构　　D. 互变异构

7. 已知某有机化合物 X 的结构简式为（苯环上连有 OH、CH_2OH、COOH、CH_3COO），下列有关叙述不正确的是(　　)。

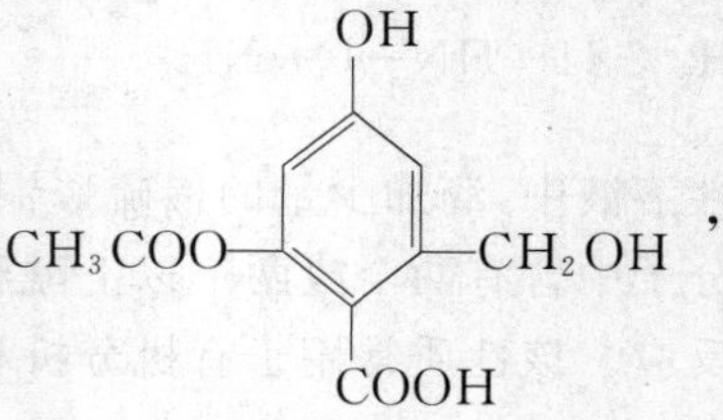

A. 1 mol X 分别与足量的 Na、NaOH 溶液、$NaHCO_3$ 溶液反应，消耗这 3 种物质的物质的量分别为 3 mol、4 mol、1 mol

B. X 在一定条件下能与 $FeCl_3$ 溶液发生显色反应

C. X 在一定条件下能发生消去反应和酯化反应

D. X 的化学式为 $C_{10}H_{10}O_6$

8. 下列有机化合物的命名正确的是(　　)。

A. $CH_3CH_2CH_2OH$ ：2-甲基-1-丙醇

B. CH_2BrCH_2Br ：1,1-二溴乙烷

C. $(CH_3)_2C=CH_2$ ：2-甲基丙烯

D. $CH_3COOCH_2CH_2OOCCH_3$：乙二酸乙二酯

9. 乙酸乙酯和(　　　)互为同分异构体。

A. 乙醚　　　　B. 丁醚　　　　C. 丁酸　　　　D. 环丁烷

10. 1-丁醇和乙酸在浓硫酸作用下，通过酯化反应制得乙酸丁酯，反应温度为 115～125 ℃，反应装置如右图所示。下列对该实验的描述错误的是(　　)。

A. 不能用水浴加热

B. 长玻璃管起冷凝回流作用

C. 提纯乙酸丁酯需要经过水、氢氧化钠溶液洗涤

D. 加入过量乙酸可以提高 1-丁醇的转化率

二、思考并回答问题

尼泊金甲酯是苯的含氧衍生物，在化妆品中可作防腐剂。

1. 尼泊金甲酯的结构简式为 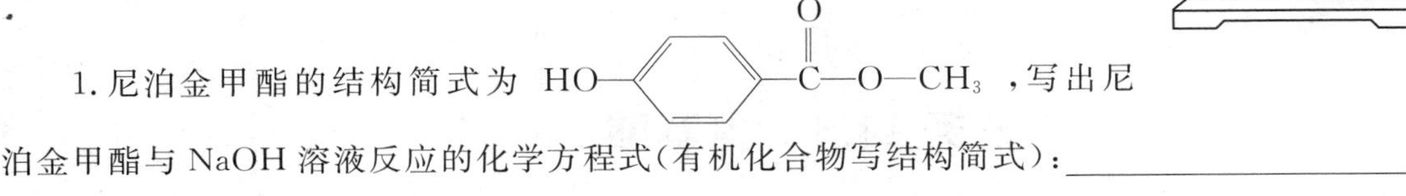 ，写出尼泊金甲酯与 NaOH 溶液反应的化学方程式(有机化合物写结构简式)：________________________________。

2. 尼泊金甲酯的一种同分异构体 A 满足以下条件：①含有苯环，②含有碳碳双键，③苯环上一氯取代物只有一种。请写出 A 的可能的结构简式。

三、写出下列羧酸衍生物的结构简式

(1)乙酸乙酯　　(2)乙酸酐　(3)苯甲酰胺　(4)乙酰胺

(5)苯甲酸甲酯　(6)丙酰氯　(7)脲　　　　(8)邻苯二甲酸二甲酯

项目 14　氨基酸和蛋白质

蛋白质

蛋白质是构成细胞的基本物质，存在于各类生物体内，是生命活动的物质基础，一切重要的生命现象都与蛋白质密切相关。蛋白质是一类非常复杂的天然有机高分子物质，由碳、氢、氧、氮、硫等元素组成。蛋白质在酸、碱或酶的作用下能发生水解，生成多肽，多肽进一步水解，最终生成氨基酸。

任务 14.1　氨基酸

从结构上看，蛋白质属于聚酰胺类化合物，其基本组成单位是氨基酸。氨基酸是羧酸分子中烃基上的氢原子被氨基取代的产物。氨基酸分子中都含有氨基（—NH_2）和羧基两种官能团。

一、氨基酸的分类

（1）根据氨基和羧基的相对位置不同，可分为 α-氨基酸、β-氨基酸和 γ-氨基酸。例如：

R　COOH，NH_2
α-氨基酸

NH_2，R　COOH
β-氨基酸

R　COOH，NH_2
γ-氨基酸

人体从食物中摄取的蛋白质在消化道内酶的作用下，经过水解反应生成各种氨基酸。氨基酸被吸收后可结合成人体所需要的各种蛋白质。自然界已发现的天然氨基酸有 300 余种，其中由蛋白质水解得到的氨基酸只有 20 余种，且几乎都是 α-氨基酸，它们在化学结构上的共同特征是氨基连在 α-碳原子上（脯氨酸除外，它是 α-亚氨基酸）。本节主要讨论 α-氨基酸，其结构通式为：

$$\begin{array}{l}\mathrm{RCHCOOH}\\ \quad\ |\\ \quad \mathrm{NH_2}\end{array}$$

。式中，R 代表基团，R 不同就形成不同的 α-氨基酸。

（2）根据分子中氨基和羧基的相对数目不同，可将氨基酸分为中性氨基酸（氨基和羧基的数目相等）、酸性氨基酸（氨基的数目小于羧基的数目）和碱性氨基酸（氨基的数目大于羧基的数目）。例如：

$CH_3CH(NH_2)COOH$ 丙氨酸（中性氨基酸）　　$HOOCCH_2CH_2CH(NH_2)COOH$ 谷氨酸（酸性氨基酸）　　$H_2N(CH_2)_4CH(NH_2)COOH$ 赖氨酸（碱性氨基酸）

二、氨基酸的命名

氨基酸的系统命名法是以羧基为母体，氨基为取代基。天然 α-氨基酸通常使用俗名，即根据其来源或性质命名。例如，甘氨酸具有微甜味；丝氨酸最初是从蚕丝中得到的；天冬氨酸是从天冬的幼苗中发现的。

思考与讨论

根据你学过的有机化合物的命名方法，用系统命名法为以下 3 种氨基酸命名。

三、氨基酸的性质

氨基酸易溶于水和其他极性溶剂，不溶于乙醚、苯等非极性溶剂。α-氨基酸都是无色的晶体，熔点一般都较高。

氨基酸分子中既含有碱性的氨基，又含有酸性的羧基，故具有羧基和氨基的典型性质。

（一）羧基的反应

与羧酸相似，氨基酸能与醇反应生成相应的酯。

（二）氨基的反应

与胺相似，氨基酸能与酰氯或酸反应生成相应的酰胺。

（三）酸碱两性

因为氨基酸既具有酸性，又具有碱性，因此，它既能与酸成盐，又能与碱成盐。

$$R\text{—}\underset{\underset{NH_2}{|}}{CH}\text{—}COOH + HCl \longrightarrow \left[R\text{—}\underset{\underset{^{+}NH_3}{|}}{CH}\text{—}COOH \right] Cl^-$$

铵盐

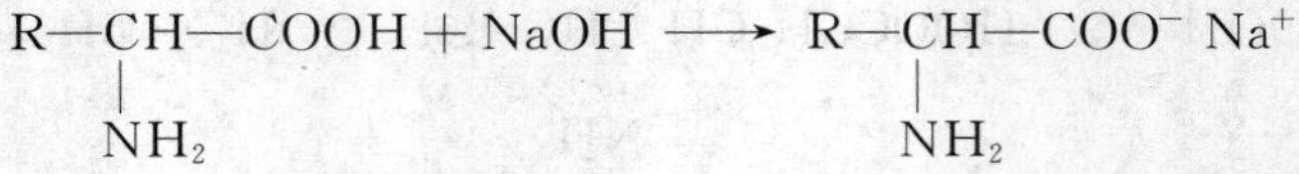

$$R-\underset{\displaystyle NH_2}{\underset{|}{CH}}-COOH + NaOH \longrightarrow R-\underset{\displaystyle NH_2}{\underset{|}{CH}}-COO^- Na^+$$

羧酸盐

(四)缩合反应

一个 α-氨基酸分子的羧基与另一个 α-氨基酸分子的氨基脱去一分子水所形成的酰胺键称为肽键,生成的化合物称为肽。由两个氨基酸分子脱水缩合后形成的含有一个肽键的化合物称为二肽。由 3 个或 3 个以上氨基酸分子脱水缩合而成的含多个肽键的化合物称为多肽。例如:

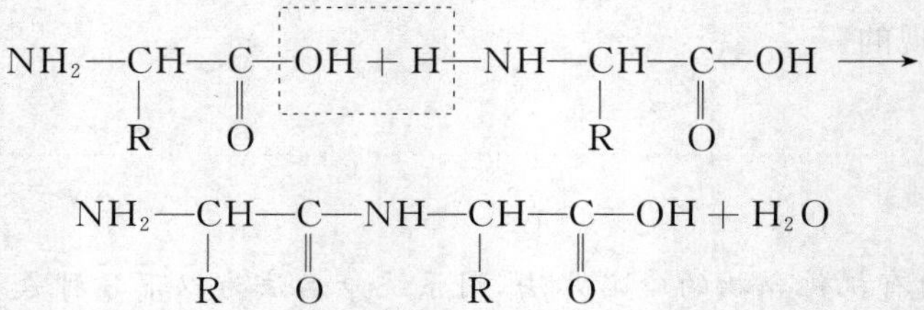

$$NH_2-\underset{\displaystyle R}{\underset{|}{CH}}-\underset{\displaystyle O}{\underset{\|}{C}}-\boxed{OH + H}-NH-\underset{\displaystyle R}{\underset{|}{CH}}-\underset{\displaystyle O}{\underset{\|}{C}}-OH \longrightarrow$$

$$NH_2-\underset{\displaystyle R}{\underset{|}{CH}}-\underset{\displaystyle O}{\underset{\|}{C}}-NH-\underset{\displaystyle R}{\underset{|}{CH}}-\underset{\displaystyle O}{\underset{\|}{C}}-OH + H_2O$$

注:肽的分类是根据形成分子时氨基酸的个数而定的,而不是指分子中肽键的个数。

思考与讨论

判断该有机化合物含有几个肽键,在分类上属于几肽化合物?

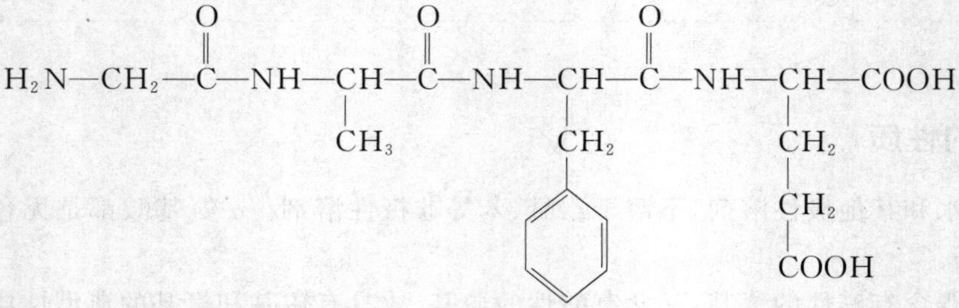

$$H_2N-CH_2-\overset{\displaystyle O}{\overset{\|}{C}}-NH-\underset{\displaystyle CH_3}{\underset{|}{CH}}-\overset{\displaystyle O}{\overset{\|}{C}}-NH-\underset{\displaystyle CH_2C_6H_5}{\underset{|}{CH}}-\overset{\displaystyle O}{\overset{\|}{C}}-NH-\underset{\displaystyle CH_2CH_2COOH}{\underset{|}{CH}}-COOH$$

(五)与茚三酮的反应

α-氨基酸与水合茚三酮溶液共热时,经过一系列反应,最终生成蓝紫色化合物(脯氨酸与茚三酮的反应产物呈黄色)。这是快速鉴别 α-氨基酸的有效方法。

任务 14.2 蛋白质

蛋白质是由 α-氨基酸分子按一定的顺序,以肽键连接起来的生物大分子,分子中通常含有 50 个以上的肽键,相对分子质量一般在 10 000 以上,有的甚至高达数千万,属于天然有机高分子化合物。

一、蛋白质的元素组成

虽然蛋白质的结构复杂、种类繁多，但组成蛋白质的元素却基本相同。一般蛋白质主要由碳、氢、氧、氮、硫等元素组成，有些蛋白质还含有磷、碘、铁、锰、锌等元素。大多数生物体内的蛋白质含氮量接近16%，即1份氮素相当于6.25份蛋白质，此数值(6.25)称为蛋白质系数，通过对生物样品中含氮量的测定可推算出该样品中蛋白质的含量，即蛋白质含量为：样品中含氮量×6.25。

三聚氰胺

二、蛋白质的分类

蛋白质结构复杂，只能根据分子形状、化学组成、生理作用等进行分类。

(一)按分子形状分类

(1)纤维蛋白：分子为细长形，不溶于水，如肌肉中的肌球蛋白。

(2)球蛋白：分子呈球形或椭球形，一般能溶于水或含有酸、碱、盐、乙醇的水溶液，如红细胞中的血红蛋白。

(二)按化学组成分类

(1)单纯蛋白质：该类蛋白质单纯由氨基酸通过肽键结合而成，其水解的最终产物都是α-氨基酸，如白蛋白、球蛋白。

(2)结合蛋白质：由单纯蛋白质和非蛋白部分结合而成，其中非蛋白部分称为辅基，如核酸、脂肪、糖、色素等，所以结合蛋白又称复合蛋白，如核蛋白是由蛋白质与核酸结合生成的。

(三)按生理作用分类

(1)酶蛋白：酶是活细胞产生的一类具有生物催化作用的有机化合物，绝大多数的酶是蛋白质。生物体在蛋白质生物催化剂的作用下进行着成千上万种化学反应，这些反应速度很快，往往是体外速度的几百倍甚至上千倍。

(2)运载蛋白：生物的细胞膜上含有各种各样的运载蛋白质，它们在生物的物质代谢中起着重要的作用。动物中氧气的运输是靠血液中的血红色素，对于高等哺乳动物来说就是血红蛋白。

(3)结构蛋白：构成细胞和生物体结构的蛋白质称为结构蛋白，包括细胞膜、细胞核、质体、线粒体、核糖体、内膜系统等，它们在结构上都含有大量由蛋白质组成的亚基，形成了细胞的框架结构。

(4)抗体蛋白：机体受抗原刺激后产生的，并且能与该抗原发生特异性结合的具有免疫功能的球蛋白。抗体蛋白主要分布于血清中，也分布于组织液等细胞外液中。

(5)激素：某些蛋白质是激素，具有一定的调节功能，如胰岛素调节糖代谢。

三、蛋白质的性质

蛋白质分子中存在着游离的氨基和羧基，因此，蛋白质具有一些与氨基酸相似的性质，但是，由于蛋白质是高分子化合物，所以理化性质又与氨基酸有所不同。

(一)胶体性质

蛋白质常常具有较大的相对分子质量，其颗粒已达胶体颗粒的范围(1～100 nm)，所以蛋白质溶液具有亲水胶体溶液的性质，如扩散运动慢、不能透过半透膜等。可以利用半透膜来分离纯化蛋白质，这种方法称为透析。

(二)两性

与氨基酸类似，蛋白质也是两性物质。

(三)盐析

向某些蛋白质溶液中加入无机盐(如氯化钠、硫酸镁等)，可以降低蛋白质的溶解度，使蛋白质从溶液中析出，此过程称为盐析。盐析为可逆过程，不同蛋白质盐析时所需盐的最低浓度不同，据此可分离或提纯蛋白质。

(四)变性

蛋白质受热、紫外线、X 射线及某些化学试剂(如酸、碱、重金属盐等)作用时，自身结构状态会遭到破坏，引起理化性质改变，并导致生理活性丧失，这种现象称为蛋白质变性。蛋白质的变性一般是不可逆的，因此，采用高温灭菌，蛋清、牛奶用作重金属中毒的解毒剂都是利用了蛋白质的变性反应。

(五)水解

蛋白质在酸性、碱性、酶作用等条件下能发生水解，蛋白质水解的中间过程中可生成多肽，但水解的最终产物都是氨基酸。蛋白质水解生成的氨基酸有 20 余种，天然蛋白质水解的最终产物都是 α-氨基酸。

(六)显色反应

蛋白质的显色反应可用于蛋白质的鉴别：

(1)蛋白质与水合茚三酮溶液共热，生成蓝紫色化合物。

(2)在强碱性溶液中，蛋白质和稀硫酸铜溶液作用，可使溶液呈红紫色，此反应称为缩二脲反应。

(3)某些含有苯环的 α-氨基酸构成蛋白质后，仍保持苯环的性质，遇浓硝酸会呈现黄色，该反应称为黄蛋白反应。

(4)蛋白质分子中含有酪氨酸残基时，在其溶液中加入米伦试剂(硝酸汞和亚硝酸汞的硝酸溶液)即产生白色沉淀，再加热则变成暗红色，该反应称为米伦反应，它是酪氨酸及其衍生物分子中酚基特有的反应。

思考与讨论

(1)为什么医院里用高温蒸煮、紫外线照射或涂抹医用酒精等方法进行消毒?

(2)在生物实验室里，常用甲醛溶液(俗称福尔马林)保存动物标本。在农业上可以用硫酸铜、生石灰和水制成波尔多液来防治农作物病害。这是应用了什么原理?

习题 14

一、选择题

1. 氨基酸不能发生的反应是(　　)。

A. 酯化反应　　B. 与碱的中和反应　　C. 成肽反应　　D. 水解反应

2. 下列关于酶的叙述中,不正确的是(　　)。

A. 酶是一种糖类物质

B. 酶是一种蛋白质

C. 酶是生物体内产生的催化剂

D. 酶受到高温或重金属盐作用时会变性

3. 下列有关蛋白质的说法不正确的是(　　)。

A. 蛋白质为天然有机高分子化合物,均不溶于水

B. 有些蛋白质遇浓硝酸会变黄色

C. 误食重金属盐,可饮用大量牛奶或鸡蛋清缓解

D. 可用灼烧法鉴别羊毛织品和化纤织品

4. 下列关于蛋白质的说法正确的是(　　)。

A. 蛋白质和糖类都属于天然有机高分子化合物

B. 牛奶中蛋白质的含量可通过勾兑三聚氰胺来提高

C. 甲醛、酒精或小苏打溶液均能使蛋白质变性

D. 可以采用多次盐析或渗析的方法来分离、提纯蛋白质

5. 下列有关蛋白质的叙述正确的是(　　)。

A. 通过盐析作用析出的蛋白质再难溶于水

B. 蛋白质溶液不能发生丁达尔现象

C. 蛋白质溶液中的蛋白质能透过半透膜

D. 天然蛋白质水解的最后产物都是 α-氨基酸

6. 诗句"春蚕到死丝方尽,蜡炬成灰泪始干"中的"丝"和"泪"分别是(　　)。

A. 纤维素、脂肪　　B. 蛋白质、高级烃

C. 淀粉、油脂　　D. 蛋白质、硬化油

7. 由甘氨酸(H_2NCH_2COOH)和苯丙氨酸($C_6H_5-CH_2CH(NH_2)COOH$)组成的混合物,发生两分子间脱水,生成的有机化合物(二肽)有(　　)种。

A. 2　　B. 3　　C. 4　　D. 5

8. 下面是蛋白质分子结构的一部分,其中标出了分子中不同的键,当蛋白质发生水解反应时,断裂的键是(　　)。

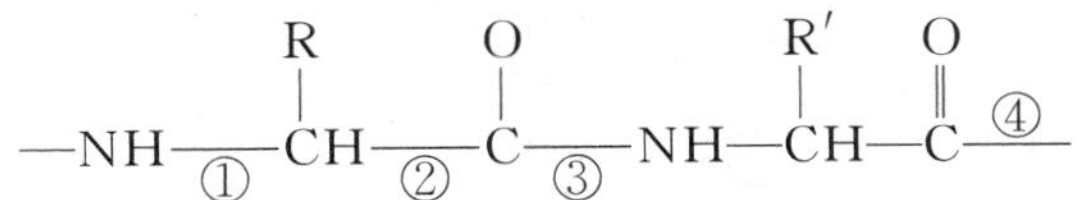

A. ①　　B. ②　　C. ③　　D. ④

9. 如图所示是某有机化合物分子的简易球棍模型，该有机化合物中含 C、H、O、N 4 种元素。下列关于该有机化合物的说法错误的是(　　)。

A. 分子式为 $C_3H_7O_2N$

B. 能发生取代反应

C. 能通过聚合反应生成高分子化合物

D. 不能跟 NaOH 溶液反应

10. 误食重金属盐会使人中毒，可以解毒的急救措施是(　　)。

A. 服用鸡蛋清或牛奶　　B. 服用葡萄糖

C. 服用适量的泻药　　D. 服用大量食盐水

11. 下列材质制作的服装不能用加酶洗衣粉洗涤的是(　　)。

①纯棉　②化纤　③蚕丝　④羊毛

A. ①②　　B. ②③　　C. ③④　　D. ①④

12. 化学与生活密切相关。下列有关说法错误的是(　　)。

A. 用灼烧的方法可以区分蚕丝和人造纤维

B. 食用油反复加热会产生稠环芳烃等有害物质

C. 加热能杀死流感病毒是因为蛋白质受热变性

D. 医用消毒酒精中乙醇的浓度为 95%

二、思考并回答问题

营养品和药品都是保证人类健康不可缺少的物质，其性质和制法是化学研究的主要内容。已知酪氨酸是一种生命活动不可缺少的氨基酸，它的结构简式是

$$HO-C_6H_4-CH_2-\underset{\displaystyle NH_2}{\underset{|}{CH}}-COOH$$

。

1. 酪氨酸能发生的化学反应类型有(　　)。

A. 取代反应　　B. 氧化反应

C. 酯化反应　　D. 中和反应

2. 已知氨基酸能与碱反应，请写出酪氨酸与足量 NaOH 溶液反应的化学方程式。

3. 写出酪氨酸形成的二肽的结构简式。

项目 15　糖

糖类化合物是自然界中广泛分布的一类有机化合物，它是一切生命体维持正常生命活动所需能量的主要来源，是生物体组织细胞的重要成分。由于早年发现的糖如葡萄糖、蔗糖等都满足 $C_m(H_2O)_n$ 的通式，符合水分子中氢原子和氧原子的比例关系，因此糖曾经被称为碳水化合物。但后来发现，有些糖的分子式并不满足通式 $C_m(H_2O)_n$，如鼠李糖（分子式为$C_6H_{12}O_5$）。此外，一些物质虽然分子式符合 $C_m(H_2O)_n$ 的通式，如甲醛（CH_2O）、乙酸（$C_2H_4O_2$）等，但从结构和性质上看，却又不属于糖类。因此，称糖为碳水化合物是不够准确的。

从结构上看，糖类是多羟基醛（酮），或通过水解能生成多羟基醛（酮）的有机化合物及其衍生物。例如，葡萄糖是多羟基醛，果糖是多羟基酮，淀粉和纤维素可经水解产生葡萄糖，因此它们都属于糖类。

根据糖类的结构和水解情况的不同，糖可分为三类，即单糖、寡糖（又称低聚糖）和多糖。

高血糖

任务 15.1　单　糖

不能发生水解反应的糖称为单糖。单糖是最简单的糖，是构成低聚糖和多糖的基本单元。

一、单糖的结构和命名

根据所含羰基结构的不同，单糖可分为醛糖和酮糖两类，碳原子数相同的醛糖和酮糖互为同分异构体。例如，葡萄糖和果糖的分子式都为 $C_6H_{12}O_6$，互为同分异构体。

自然界中的单糖以含 5 个（戊糖）或 6 个（己糖）碳原子最为普遍。命名时，按所含碳原子的数目及羰基结构称为某醛糖或某酮糖。例如：

$$\begin{array}{cccc} & & \text{CHO} & \text{CH}_2\text{OH} \\ & & | & | \\ \text{CHO} & \text{CH}_2\text{OH} & \text{CHOH} & \text{C=O} \\ | & | & | & | \\ \text{CHOH} & \text{C=O} & \text{CHOH} & \text{CHOH} \\ | & | & | & | \\ \text{CHOH} & \text{CHOH} & \text{CHOH} & \text{CHOH} \\ | & | & | & | \\ \text{CHOH} & \text{CHOH} & \text{CHOH} & \text{CHOH} \\ | & | & | & | \\ \text{CH}_2\text{OH} & \text{CH}_2\text{OH} & \text{CH}_2\text{OH} & \text{CH}_2\text{OH} \\ \text{戊醛糖} & \text{戊酮糖} & \text{己醛糖} & \text{己酮糖} \end{array}$$

单糖分子中都含有手性碳原子，具有旋光性。一对对映体有同一名称，非对映体有不同名称。例如，葡萄糖在费歇尔投影式中，C_2、C_4、C_6位的羟基在同侧，而C_3位羟基在异侧，有如下两个互成对映关系的异构体。

$$\begin{array}{ccc} \text{CHO} & \qquad & \text{CHO} \\ \text{H—}\!\!+\!\!\text{—OH} & & \text{HO—}\!\!+\!\!\text{—H} \\ \text{HO—}\!\!+\!\!\text{—H} & & \text{H—}\!\!+\!\!\text{—OH} \\ \text{H—}\!\!+\!\!\text{—OH} & & \text{HO—}\!\!+\!\!\text{—H} \\ \text{H—}\!\!+\!\!\text{—OH} & & \text{HO—}\!\!+\!\!\text{—H} \\ \text{CH}_2\text{OH} & & \text{CH}_2\text{OH} \end{array}$$

为了书写方便，在书写糖的费歇尔投影式时，手性碳原子上的氢可以省去。有时也采用更简化的形式，用“△”代表—CHO，“○”代表羟甲基（—CH_2OH）。如天然葡萄糖中离羰基最远的手性碳，即5号碳原子构型与D-甘油醛相同，所以它属于D-葡萄糖。

$$\begin{array}{ccc} \text{CHO} & & \\ 1| & & \\ \text{H—}\underset{2}{\text{C}}\text{—OH} & & \\ | & & \\ \text{HO—}\underset{3}{\text{C}}\text{—H} & & \\ | & & \text{CHO} \\ \text{H—}\underset{4}{\text{C}}\text{—OH} & & | \\ | & & \boxed{\text{H—C—OH}} \\ \boxed{\text{H—C—OH}} & & | \\ 5| & & \text{CH}_2\text{OH} \\ 6\text{CH}_2\text{OH} & & \\ \text{D-葡萄糖} & & \text{D-甘油醛} \end{array}$$

D-葡萄糖的结构可以用费歇尔投影式表示如下：

$$\begin{array}{ccccccc} \text{CHO} & & \text{CHO} & & \text{CHO} & & \triangle \\ \text{H—}\!\!+\!\!\text{—OH} & & |\text{—OH} & & |\text{—} & & |\text{—} \\ \text{HO—}\!\!+\!\!\text{—H} & \longrightarrow & \text{HO—}| & \longrightarrow & \text{—}| & \longrightarrow & \text{—}| \\ \text{H—}\!\!+\!\!\text{—OH} & & |\text{—OH} & & |\text{—} & & |\text{—} \\ \text{H—}\!\!+\!\!\text{—OH} & & |\text{—OH} & & |\text{—} & & |\text{—} \\ \text{CH}_2\text{OH} & & \text{CH}_2\text{OH} & & \text{CH}_2\text{OH} & & \bigcirc \end{array}$$

二、单糖的性质

单糖是有甜味的白色晶体，有吸湿性，易溶于水，但难溶于乙醚、丙酮、氯仿、苯等有机溶剂。单糖是多羟基醛或多羟基酮，因此它具有醇、醛、酮的某些性质。

(一)氧化反应

单糖能被氧化剂氧化，其氧化过程比较复杂，氧化产物与试剂种类及溶液的酸碱性有关。

1. 与托伦试剂和斐林试剂反应

葡萄糖是醛糖，能与托伦试剂反应，生成银镜；也能与斐林试剂反应，生成砖红色的氧化亚铜沉淀。

$$[Ag(NH_3)_2]^+ + R'\text{—}\underset{\displaystyle OH}{\underset{|}{CH}}\text{—}\underset{\displaystyle O}{\underset{\|}{C}}\text{—}R \longrightarrow \underset{\text{银镜}}{Ag\downarrow} + \text{糖酸(混合物)}$$

$$Cu^{2+} + R'\text{—}\underset{\displaystyle OH}{\underset{|}{CH}}\text{—}\underset{\displaystyle O}{\underset{\|}{C}}\text{—}R \longrightarrow \underset{\text{砖红色}}{Cu_2O\downarrow} + \text{糖酸(混合物)}$$

凡是能被托伦试剂和斐林试剂氧化的糖称为还原糖，不能被氧化的糖称为非还原糖。果糖是酮糖，本身不具有还原性醛基，但在碱性溶液中能转变成醛糖而发生银镜反应，故果糖为还原糖。

2. 与溴水的反应

溴(或其他卤素)的水溶液可很快地与醛糖反应，选择性地将醛基氧化成羧基，生成醛糖酸。例如，D-葡萄糖可以被溴水氧化成 D-葡萄糖酸。

$$\begin{array}{c} CHO \\ H\text{—}\!\!\!|\!\!\!\text{—}OH \\ HO\text{—}\!\!\!|\!\!\!\text{—}H \\ H\text{—}\!\!\!|\!\!\!\text{—}OH \\ H\text{—}\!\!\!|\!\!\!\text{—}OH \\ CH_2OH \\ \text{D-葡萄糖} \end{array} \xrightarrow[H_2O]{Br_2} \begin{array}{c} COOH \\ H\text{—}\!\!\!|\!\!\!\text{—}OH \\ HO\text{—}\!\!\!|\!\!\!\text{—}H \\ H\text{—}\!\!\!|\!\!\!\text{—}OH \\ H\text{—}\!\!\!|\!\!\!\text{—}OH \\ CH_2OH \\ \text{D-葡萄糖酸} \end{array}$$

在这一反应过程中，溴水颜色褪去，而酮糖不能被溴水氧化，故用溴水可区别醛糖与酮糖。

(二)还原反应

单糖分子中的羰基经硼氢化钠还原或催化加氢都可把糖分子中的羰基还原成羟基，生成相应的糖醇。例如，葡萄糖可被还原成己六醇(又叫葡萄糖醇或山梨糖醇)。

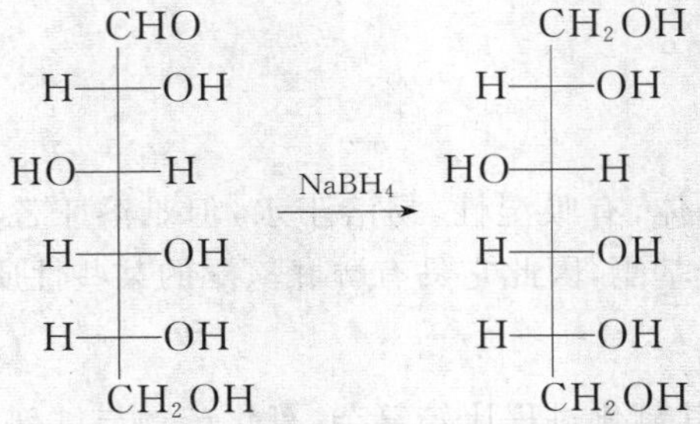

D-葡萄糖　　1,2,3,4,5,6-己六醇

(三)成脎反应

单糖的羰基可与某些含氮试剂发生加成反应,如单糖与苯肼作用时,单糖的羰基与苯肼反应首先生成苯腙。但在过量苯腙存在下,α-碳原子上的羟基被苯肼氧化成羰基,苯肼则被还原,新的羰基再继续与苯肼反应,生成的产物称为糖脎。糖脎为黄色晶体。

以葡萄糖为例,其成脎反应过程如下:

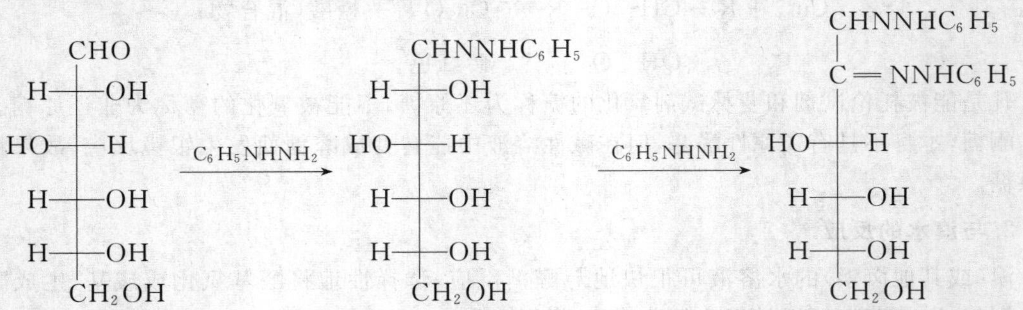

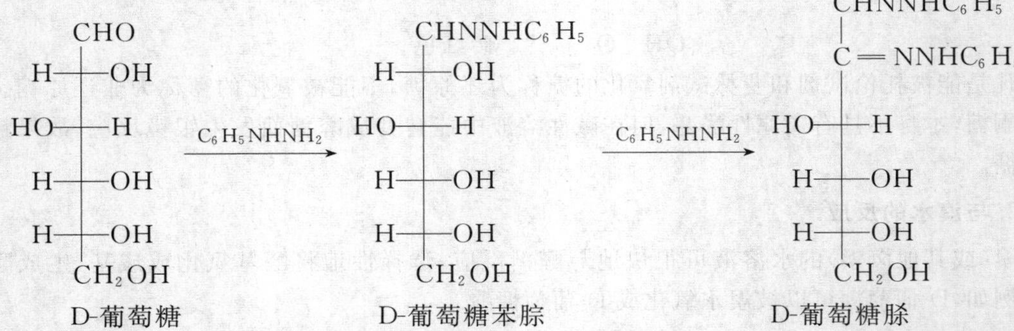

D-葡萄糖　　D-葡萄糖苯腙　　D-葡萄糖脎

由糖生成糖脎引入了两个苯肼基,相对分子质量增大,水溶性大为降低,因此在糖溶液中加入苯肼并加热即可析出糖脎。脎的形成可用作糖的定性反应和衍生物的制备。

核糖

任务 15.2　低聚糖

水解后能生成 2～10 个单糖分子的糖称为低聚糖,低聚糖也称为寡糖,根据水解后生成单糖的数目,可分为二糖(也称双糖)、三糖、四糖等。常见的低聚糖有二糖和环糊精等。

一、二糖

二糖是最重要的低聚糖,如麦芽糖、蔗糖和乳糖都是二糖,互为同分异构体,分子式均为 $C_{12}H_{22}O_{11}$。

(一)蔗糖

蔗糖是日常生活中不可缺少的食用糖,在医药上常用作糖浆剂的矫味剂,也可用作防腐

剂。蔗糖在自然界中广泛分布，具有旋光性，天然蔗糖是右旋糖。蔗糖没有还原性，是非还原性糖。蔗糖不能还原托伦试剂和斐林试剂，也不能与苯肼作用生成糖脎。在无机酸或酶的催化下，蔗糖可发生水解，生成一分子葡萄糖和一分子果糖。

$$\underset{\text{蔗糖}}{C_{12}H_{22}O_{11}} + H_2O \xrightarrow{H^+\text{或酶}} \underset{\text{葡萄糖}}{C_6H_{12}O_6} + \underset{\text{果糖}}{C_6H_{12}O_6}$$

水解生成的混合糖称为转化糖，因其中含有一半的果糖，所以转化糖比原来的蔗糖更甜。

(二)麦芽糖

麦芽糖具有旋光性，是右旋糖，有变旋现象；能生成脎和腙，能还原托伦试剂、斐林试剂等弱氧化剂，为还原性双糖。在酸性溶液中，麦芽糖可水解得到两分子 D-葡萄糖。

$$\underset{\text{麦芽糖}}{C_{12}H_{22}O_{11}} + H_2O \xrightarrow{H^+\text{或酶}} \underset{\text{D-葡萄糖}}{2C_6H_{12}O_6}$$

麦芽糖主要用于食品工业中，饴糖的主要成分就是麦芽糖；也可作为微生物的培养基。

淀粉在稀酸中可部分水解成麦芽糖，淀粉发酵成乙醇的过程中也可产生麦芽糖。发酵所需的淀粉酶存在于发芽的大麦中，故名麦芽糖。唾液中含有淀粉酶，能使淀粉水解为麦芽糖，所以细嚼含淀粉的食物后常有甜味感。

$$2(C_6H_{10}O_5)_n + nH_2O \xrightarrow[60℃]{\text{淀粉酶}} nC_{12}H_{22}O_{11}$$

(三)乳糖

乳糖因存在于人和哺乳动物的乳汁中(乳糖占人乳的 7%～8%，占牛乳的 4%～5%)而得名。乳糖为白色结晶粉末，甜度约为蔗糖的 70%。

乳糖也是还原糖，有变旋现象，当用苦杏仁酶水解时，可得一分子 D-葡萄糖和一分子 D-半乳糖。

$$\underset{\text{乳糖}}{C_{12}H_{22}O_{11}} + H_2O \xrightarrow{\text{苦杏仁酶}} \underset{\text{D-葡萄糖}}{C_6H_{12}O_6} + \underset{\text{D-半乳糖}}{C_6H_{12}O_6}$$

乳糖的主要功能是为人及其他哺乳动物供给热能，它还能增进钙、磷、镁等矿物质的吸收，婴幼儿的脑细胞发育和整个神经系统的健全都需要大量的乳糖，因此乳糖是供儿童食用的最好的糖类物质。

工业上以制取乳酪的副产物乳清为原料，经脱脂、蛋白质分离、浓缩等程序提取乳糖，用于制造婴儿食品、糖果、人造牛奶等，医药中常用乳糖作矫味剂。

二、环糊精

环糊精是淀粉经浸解杆菌淀粉酶作用后产生的环状低聚糖的总称。一般情况下，环糊精由 6～8 个葡萄糖单元结合成环，根据成环葡萄糖单元数分别称为 α-、β-、γ-环糊精。

一些有医疗功效的药用植物如芦荟凝胶中含有环糊精复合物，环糊精也是性能优良的药物辅料，常用于制备难溶性药物包合物，在增加药物的溶解度、提高药物的稳定性、提高药物的生物利用度、减少或消除药物的毒性、控制药物的释放等方面的应用日益增多。

任务 15.3 多　糖

水解后能生成多分子单糖或其衍生物的糖称为多糖，多糖又称为高聚糖，多糖和低聚糖的区别在于构成分子的单糖数目不同。多糖是重要的天然高分子化合物，广泛存在于自然界中。多糖的性质与单糖和低聚糖有较大差别，一般为无定形固体，不溶于水，无甜味，没有还原性。淀粉、纤维素和糖原都是重要的多糖，分子式为$(C_6H_{10}O_5)_n$。

一、淀粉

淀粉广布于自然界，是人类获取糖类的主要来源，多存在于植物的种子、茎和根中，大米、玉米、小麦及薯类的主要成分都是淀粉。淀粉在生命体内通过淀粉酶及其他一系列酶的作用，经过复杂的过程，最后变为二氧化碳和水，释放出生命活动所需的能量。

（一）淀粉的物理性质

淀粉是白色、无臭无味的粉状物质，其颗粒形状及大小因来源不同而异。天然淀粉可分为直链淀粉和支链淀粉两类，前者存在于淀粉的内层，后者存在于淀粉的外层，组成淀粉的皮质。

直链淀粉难溶于冷水，在热水中有一定的溶解度；支链淀粉在热水中不溶，但可膨胀成糊状。糯米中的支链淀粉含量较高，所以黏性较大。

淀粉不溶于一般的有机溶剂。

（二）淀粉的化学性质

淀粉没有还原性，不能被托伦试剂和斐林试剂氧化。但淀粉中的羟基能发生成醚、成酯、氧化等反应。淀粉也能发生水解反应，最终生成葡萄糖。由于淀粉的特殊结构，淀粉可以和碘等发生络合反应。

1. 水解反应

在酸或酶的催化作用下，淀粉可逐步水解，最终生成D-葡萄糖。

$$\underset{\text{淀粉}}{(C_6H_{10}O_5)_n} \xrightarrow[\text{淀粉酶}]{H_2O} \underset{\text{麦芽糖}}{C_{12}H_{22}O_{11}} \xrightarrow[\text{麦芽糖酶}]{H_2O} \underset{\text{D-葡萄糖}}{C_6H_{12}O_6}$$

2. 与碘络合

淀粉与碘能发生很灵敏的颜色反应，这一特性常用于鉴别碘的存在。淀粉与碘的作用机理一般被认为是碘分子嵌入淀粉的螺旋结构中，并借助范德华力与淀粉形成一种蓝色的络合物，如图15-1所示。络合物的颜色随淀粉的组成、聚合度的不同而异。直链淀粉与碘的络合物呈紫蓝色，而支链淀粉遇碘呈紫红色。

图 15-1　直链淀粉与碘形成络合物

淀粉通常无明显的药理作用，主要用作制取葡萄糖的原料。在药物制剂中，淀粉常作为填充剂、黏合剂和崩解剂。

二、纤维素

纤维素是自然界中分布最广、含量最多的一种多糖，是植物细胞壁的主要成分，棉花是含纤维素最多的物质，含量可达 98% ，其次是亚麻和木材。

(一)纤维素的物理性质

纤维素是线性多糖，没有分支的链状分子，通过大量邻近的羟基形成氢键，相互聚集，像绳索一样拧在一起。纤维素的分子量比淀粉的分子量大得多，在植物中存在的天然纤维素分子含有 1 000～15 000 个葡萄糖，分子量为 160 万～240 万。

纤维素为白色纤维状固体，无色、无臭，不溶于水和一般有机溶剂。其分子内含有大量的羟基，具有一定的吸湿性，韧性强。

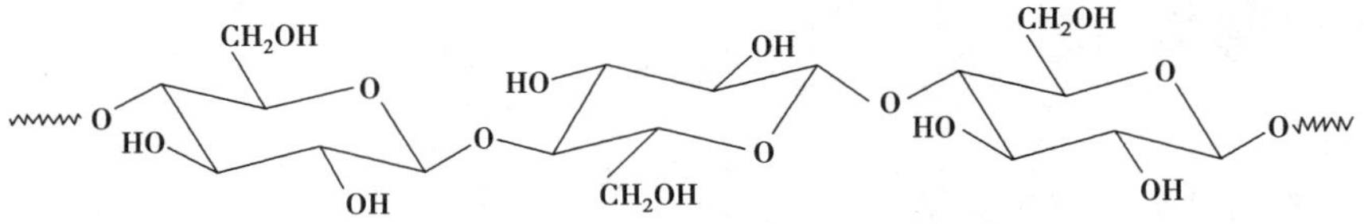

纤维素

(二)纤维素的化学性质

1. 纤维素的水解反应

纤维素的水解比淀粉的水解困难得多，要在高温、高压下与无机酸共热才发生。纤维素水解可生成纤维四糖、纤维三糖和纤维二糖，完全水解可生成 D-葡萄糖。

$$(C_6H_{10}O_5)_n \xrightarrow{H_2O} (C_6H_{10}O_5)_4 \xrightarrow{H_2O} (C_6H_{10}O_5)_3 \xrightarrow{H_2O} C_{12}H_{22}O_{11} \xrightarrow{H_2O} C_6H_{12}O_6$$

纤维素　　纤维四糖　　纤维三糖　　纤维二糖　　葡萄糖

人和大多数高等动物体内不存在水解纤维素的酶，故纤维素在人体内不能被水解成葡萄糖。而食草动物如牛、羊、马等的消化道中的微生物能分泌水解纤维素的酶，因此纤维素可作为它们的食物。

2. 纤维素与碱作用

纤维素能溶于氢氧化铜的氨溶液、二硫化碳和氢氧化钠溶液中，形成黏稠状液体。纤维素的用途很广，除可制造人造丝、纸外，还可制成火棉胶、硝基漆等。

思考与讨论

根据所学知识，小组讨论完成表格。

类别	代表物	分子式	代表物在自然界的存在	代表物的用途
单糖	葡萄糖	$C_6H_{12}O_6$	水果、蜂蜜	营养物质、食品工业原料
二糖				
多糖				

习题 15

一、选择题

1. 葡萄糖是单糖的主要原因是(　　)。

A. 在糖类物质中含碳原子数最少　　B. 不能水解成更简单的糖

C. 分子中含有多个羟基　　D. 在糖类分子中结构最简单

2. 下列各组物质不是同分异构体的是(　　)。

A. 葡萄糖和果糖　　B. 蔗糖和麦芽糖

C. 淀粉和纤维素　　D. 丁醛和丁酮

3. 下列说法错误的是(　　)。

A. 碘化钾溶液能使淀粉显蓝色

B. 纤维素的水解难于淀粉的水解

C. 用淀粉制乙醇不仅仅发生了水解反应

D. 多糖一般没有还原性,也没有甜味

4. L-链霉糖是链霉素的一个组成部分,其结构简式为 (H, O, OH, H_3C, CHO, H, H, OH, OH) 。下列有关 L-链霉糖的说法错误的是(　　)。

A. 能发生银镜反应

B. 能发生酯化反应

C. 能与 H_2 发生加成反应

D. 能与烧碱溶液发生中和反应

5. 木糖醇是一种新型的甜味剂,甜味足,溶解性好,防龋齿,适合糖尿病患者的需要。木糖醇是一种白色粉末状的结晶,其结构简式为

$$\begin{array}{ccccccccc} CH_2 & - & CH & - & CH & - & CH & - & CH_2 \\ | & & | & & | & & | & & | \\ OH & & OH & & OH & & OH & & OH \end{array}$$

下列有关木糖醇的叙述中不正确的是(　　)。

A. 木糖醇是一种单糖,不能发生水解反应

B. 1 mol 木糖醇与足量钠反应最多可产生 2.5 mol H_2

C. 木糖醇易溶解于水,能发生酯化反应

D. 糖尿病患者可以食用

6. 下列物质中,在一定条件下既能发生银镜反应,又能发生水解反应的是(　　)。

A. 甲酸甲酯　　B. 蔗糖　　C. 葡萄糖　　D. 淀粉

7. 有广告称某品牌的八宝粥(含糯米、红豆、桂圆等)不含糖,适合糖尿病患者食用。你认为下列判断错误的是(　　)。

A. 该广告有可能误导消费者

B. 糖尿病患者应少吃含糖的食品,该八宝粥未加糖,可以放心食用

C. 不含糖不等于没有糖类物质,糖尿病患者食用时需慎重考虑

D. 不能盲从广告的宣传

8. 酒精、乙酸和葡萄糖 3 种溶液,只用一种试剂就能将它们区别开来,该试剂是(　　)。

A. 金属钠　　B. 石蕊试液

C. 新制氢氧化铜悬浊液　　D. $NaHCO_3$溶液

9. 下列关于糖类的说法不正确的是(　　)。

A. 含有碳、氢、氧 3 种元素

B. 一定是符合通式 $C_m(H_2O)_n$的化合物

C. 不一定都有甜味

D. 一般是多羟基醛或多羟基酮以及能水解生成它们的物质

10. 以葡萄糖为原料经一步反应不能得到的是(　　)。

A. 乙醛　　B. 二氧化碳　　C. 己六醇　　D. 葡萄糖酸

二、写出下列化学反应方程式

1. 写出葡萄糖与下列试剂作用的反应方程式。

(1)溴水:

(2)托伦试剂:

2. 写出蔗糖、麦芽糖的水解反应方程式。

三、用化学方法区别下列各组物质

(1)葡萄糖和果糖

(2)蔗糖和麦芽糖

(3)淀粉和纤维素

项目 16 油 脂

油脂为何会变质?

油脂是重要的营养物质，我们日常食用的花生油、大豆油和动物油等都属于油脂。在室温下，植物油脂通常呈液态，称为油；动物油脂通常呈固态，称为脂肪。

油脂可以看作高级脂肪酸与甘油(丙三醇)通过酯化反应生成的酯，结构可以表示为：

$$\begin{array}{l} O \\ \| \\ CH_2—O—C—R \\ |O \\ |\| \\ CH\ —O—C—R' \\ |O \\ |\| \\ CH_2—O—C—R'' \end{array}$$

油脂结构中的 R、R′、R″代表高级脂肪酸的烃基，可以相同，也可以不同。常见的高级脂肪酸有饱和脂肪酸，如硬脂酸($C_{17}H_{35}COOH$)和软脂酸($C_{15}H_{31}COOH$)，以及不饱和脂肪酸，如油酸($C_{17}H_{33}COOH$)和亚油酸($C_{17}H_{31}COOH$)。

任务 16.1 油脂的性质

油脂的密度比水小，黏度比较大，触摸时有明显的油腻感。油脂难溶于水，易溶于有机溶剂。食品工业中根据这一性质，常使用有机溶剂来提取植物种子里的油。

一、氢化反应

脂肪酸的饱和程度对油脂的熔点影响很大。植物油含较多不饱和脂肪酸的甘油酯，熔点较低；动物油含较多饱和脂肪酸的甘油酯，熔点较高。人们发现，液态植物油可以与氢气发生加成反应，生成类似动物脂肪的硬化油脂。工业上常将液态植物油在一定条件下与氢气发生加成反应，提高其饱和程度，生成固态的氢化植物油。

$$\begin{array}{l} C_{17}H_{33}COOCH_2 \\ \quad\quad\quad\quad | \\ C_{17}H_{33}COOCH + 3H_2 \\ \quad\quad\quad\quad | \\ C_{17}H_{33}COOCH_2 \end{array} \xrightarrow[\text{加热、加压}]{\text{催化剂}} \begin{array}{l} C_{17}H_{35}COOCH_2 \\ \quad\quad\quad\quad | \\ C_{17}H_{35}COOCH \\ \quad\quad\quad\quad | \\ C_{17}H_{35}COOCH_2 \end{array}$$

油酸甘油酯(油)　　　　硬脂酸甘油酯(脂肪)

氢化植物油性质稳定,不易变质,便于运输和储存,可用来生产人造奶油、起酥油、代可可脂等食品工业原料。

二、水解反应

在催化剂存在下,油脂可发生水解反应:碱性条件下,油脂可水解生成高级脂肪酸盐和甘油;酸性条件下,油脂可水解生成高级脂肪酸和甘油。例如:

碱性条件下水解:

$$\begin{array}{l} C_{17}H_{35}COOCH_2 \\ \quad\quad\quad\quad | \\ C_{17}H_{35}COOCH + 3NaOH \\ \quad\quad\quad\quad | \\ C_{17}H_{35}COOCH_2 \end{array} \xrightarrow{\triangle} 3C_{17}H_{35}COONa + \begin{array}{l} CH_2—OH \\ | \\ CH—OH \\ | \\ CH_2—OH \end{array}$$

硬脂酸甘油酯

酸性条件下水解:

$$\begin{array}{l} C_{17}H_{35}COOCH_2 \\ \quad\quad\quad\quad | \\ C_{17}H_{35}COOCH + 3H_2O \\ \quad\quad\quad\quad | \\ C_{17}H_{35}COOCH_2 \end{array} \underset{\triangle}{\overset{H_2SO_4}{\rightleftharpoons}} 3C_{17}H_{35}COOH + \begin{array}{l} CH_2—OH \\ | \\ CH—OH \\ | \\ CH_2—OH \end{array}$$

油脂水解通式可表示为:

$$\begin{array}{l} \quad\quad O \\ \quad\quad \| \\ R_1—C—O—CH_2 \\ \quad\quad O \quad\quad | \\ \quad\quad \| \quad\quad\ | \\ R_2—C—O—CH \\ \quad\quad O \quad\quad | \\ \quad\quad \| \quad\quad\ | \\ R_3—C—O—CH_2 \end{array} \xrightarrow[\text{水解}]{\text{酸、碱、酶}} \begin{array}{l} CH_2—OH \\ | \\ CH—OH \\ | \\ CH_2—OH \end{array} + 3\times\text{高级脂肪酸(高级脂肪酸盐)}$$

任务 16.2 油脂的功能应用

油脂在人体小肠中通过酶的催化反应可以发生水解,生成高级脂肪酸和甘油,然后再分别发生氧化反应释放能量。

一、食品工业

油脂能促进脂溶性维生素(如维生素 A、D、E、K)的吸收,并为人体提供亚油酸等必需脂肪酸。在烹饪过程中,油脂不仅是加热介质,还会赋予食物愉悦的风味和口感。但是摄入过多的油脂会影响健康,因此在日常饮食中要注意合理控制油脂的摄入量。

奶油俗称黄油,是将牛乳中的脂肪成分经过提炼浓缩而得到的动物油脂产品。奶油中含有较多的饱和脂肪酸甘油酯,熔化温度在 30 ℃左右。这使其在室温下有一定硬度,具有可塑性,适于糕点裱花和保持糕点外形完整;同时,奶油的熔化温度低,因此入口即化,具有良好的口感。另外,奶油具有浓郁的奶香味,还含有较丰富的脂溶性维生素,一直是制作蛋糕、饼干、面包等烘焙食品和巧克力、冰淇淋的重要原料,受到人们的普遍喜爱。奶油不易保存,且生产成本较高,因此人们很早就开始寻找其代用品。

氢化植物油不易变质,且成本低廉,被大量用来生产人造奶油,又称人造黄油、植物奶油、麦淇淋,是以氢化植物油和植物油为主要原料,加入水、乳制品、乳化剂、防腐剂、抗氧化奶油剂、香精、色素、维生素等物质生产出来的。其外观和风味与天然奶油十分接近,具有良好的加工性能,能够延长食品的保质期,且成本较低,在现代食品工业中应用广泛。

二、化学工业

在工业上常利用油脂在碱性条件下的水解反应(即皂化反应)获得高级脂肪酸盐和甘油,进行肥皂生产。

$$\begin{array}{l} C_{17}H_{35}COOCH_2 \\ \qquad\qquad\quad | \\ C_{17}H_{35}COOCH + 3NaOH \xrightarrow{\triangle} 3C_{17}H_{35}COONa + \\ \qquad\qquad\quad | \\ C_{17}H_{35}COOCH_2 \end{array} \begin{array}{l} CH_2-OH \\ | \\ CH-OH \\ | \\ CH_2-OH \end{array}$$

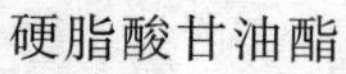

硬脂酸甘油酯　　　硬脂酸钠(生产肥皂)

区分硬水和软水

习题 16

一、选择题

1. 下列物质属于酯类的是(　　)。

A. 石油　　B. 甘油　　C. 矿物油　　D. 花生油

2. 关于油和脂肪的比较,下列说法错误的是(　　)。

A. 油的熔点较低,脂肪的熔点较高

B. 油含有不饱和烃基的相对量比脂肪少

C. 油和脂肪都不易溶于水,而易溶于汽油、乙醇、苯等有机溶剂

D. 油经过氢化反应可以转化为脂肪

3. 液态油转化为固态脂肪的过程中,发生的反应是(　　)。

A. 取代反应　　B. 酯化反应　　C. 氧化反应　　D. 还原反应

4. 下列关于油脂的说法，不正确的是(　　)。

A. 油脂属于酯类　　B. 油脂没有固定的熔、沸点

C. 油脂都不能使溴水褪色　　D. 油脂发生水解时都能生成丙三醇

5. 可以判断油脂皂化反应基本完成的现象是(　　)。

A. 反应液使红色石蕊试纸变蓝色　　B. 反应液使蓝色石蕊试纸变红色

C. 反应后静置，反应液分为两层　　D. 反应后静置，反应液不分层

6. 化学与社会、生产、生活密切相关。下列说法不正确的是(　　)。

A. "地沟油"禁止食用，但可以用来制肥皂或燃油

B. 石英具有很好的导电性能，可用于生产光导纤维

C. 酯类物质是形成水果香味的主要成分

D. 从海水中提取物质不一定通过化学反应才能实现

7. 下列说法正确的是(　　)。

A. 油脂的相对分子质量较大，属于高分子化合物

B. 油脂在碱性条件下水解比在酸性条件下水解更容易发生

C. 油脂里烃基的饱和程度越大，其熔点越低

D. 不含其他杂质的油脂是纯净物

8. 下列物质中，既能发生水解反应又能发生氢化反应的是(　　)。

A. 硬脂酸甘油酯　　B. 软脂酸甘油酯　　C. 油酸甘油酯　　D. 亚油酸

9. 油脂的下列性质和用途与其含有的不饱和碳碳双键有关的是(　　)。

A. 某些油脂兼有酯的一些化学性质

B. 油脂可用于生产甘油

C. 油脂可以为人体提供能量

D. 植物油可用于生产氢化植物油

10. 下列说法正确的是(　　)。

A. $NaCl$ 和 $CuCl_2$ 稀溶液都能使蛋白质变性

B. 葡萄糖溶液能发生银镜反应

C. 蛋白质和油脂都是高分子化合物

D. 油脂及其水解产物都不能与金属钠反应

二、讨论分析，然后简要回答下列问题

1. 未成熟苹果的果肉遇碘酒呈现蓝色，成熟苹果的汁液能与银氨溶液发生反应，试解释原因。

2. 在以淀粉为原料生产葡萄糖的水解过程中，可用什么方法来检验淀粉的水解是否完全？

3. 为什么可以用热的碱性溶液洗涤沾有油脂的器皿？

4. 如何鉴别蚕丝和人造丝(主要成分为纤维素)织物？

模块 2

有机化学实验

YOUJI HUAXUE SHIYAN

项目 17　有机化学实验基本知识

任务 17.1　实验室规则

为培养学生良好的科学素质和实验习惯，保证有机化学实验正常、有序、安全、有效地进行，保证实训教学效果，学生必须遵守以下规则：

(1)进入实验室之前，认真学习《实验室规则》，了解实验室的注意事项、有关规定、事故处理办法及急救常识。在实验室内必须穿好实验服，备齐实验记录本及与实验有关的其他用品。

(2)实验课前必须认真预习，写好预习报告，教师认真检查每个学生的预习情况，达到预习要求才可以开始实验。每次实验装置组装完毕后，需经教师检查，确认合格后方可开始操作。

(3)在实验过程中，仔细观察、积极思考，及时、认真地记录实验现象和实验数据，不得擅自离开实验台。实验结束后写出符合规范的实验报告，并经教师审阅、签字。

(4)遵守课堂纪律，不得旷课、迟到、早退。实验室内要保持安静，不得喧哗、打闹。

(5)不准在实验室内吃东西、吸烟等；不得穿背心、拖鞋进入实验室；不得出现不文明的行为。

(6)爱护仪器，节约药品，取完药品要盖好瓶盖，仪器损坏及时报损。实验中若发生异常情况，必须立即报告老师，并做出恰当处理。

(7)保持实验室整洁。自始至终应保持台面、地面、水池等的清洁，书包、衣物及与实验无关的物品应放在指定地点。

(8)公用仪器、药品等用后要放回原处。不得将实验所用仪器、药品等随意带出实验室。

(9)废弃的有机溶剂、废液及废渣不得倒进水池，必须倒在指定的废液缸或废液桶中。

(10)实验结束后，应将玻璃仪器等清洗干净，整理实验台。值日生要做好清洁卫生，检查实验室安全，关好门、窗和水、电、煤气闸门等。

任务 17.2　有机化学实验室常用的玻璃仪器及装置

一、常见玻璃仪器

1. 普通玻璃仪器

普通玻璃仪器如图 17-1 所示。

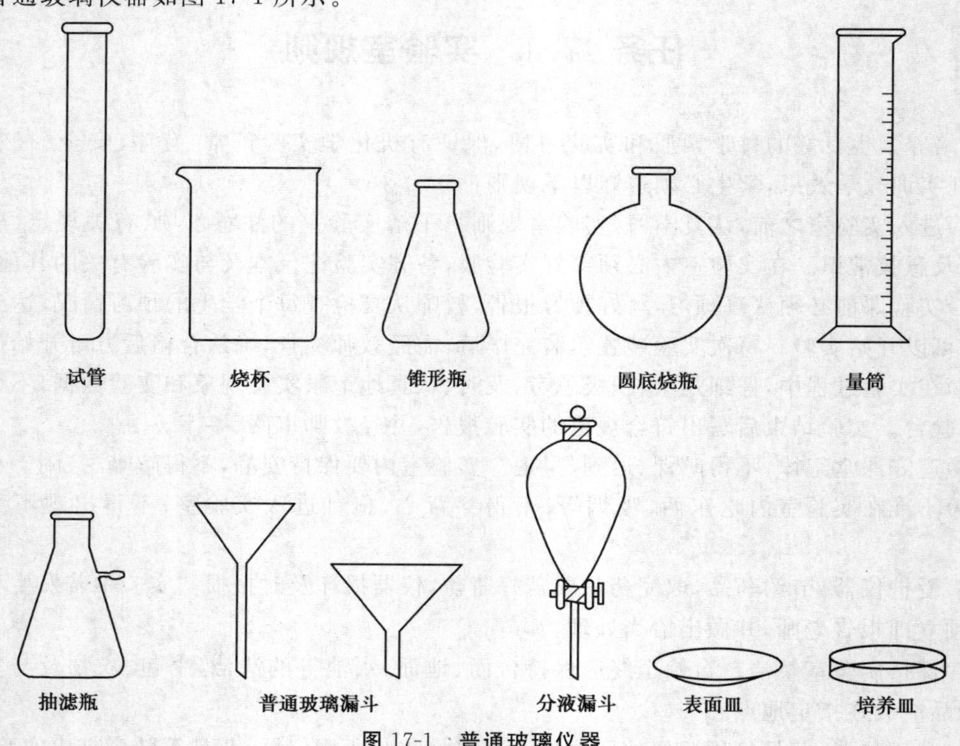

图 17-1　普通玻璃仪器

2. 标准磨口玻璃仪器

有机化学实验中除通常使用的普通玻璃仪器之外，还会使用大量带有标准磨口的玻璃仪器(有标准内磨口和标准外磨口两种)，这类仪器具有标准化、通用化、系列化等特点。

磨口玻璃仪器在组合时，不需要软木塞或橡皮塞来连接，它们是借助相同号码的内外磨口互相连接，相同磨口型号的不同种仪器可任意组合，仪器组装方便，拆卸灵活，还能避免反应物和产物被塞子污染。

玻璃仪器的磨口都是圆锥体形的，有大端和小端之别。标准磨口采用国际通用的 1/10 锥度，即磨口每增加 10 个单位长度，小端直径就比大端直径缩小 1 个单位。由于玻璃仪器的容量和用途不同，所以标准磨口有不同的编号。常用的标准磨口编号有 10、14、19、24、29、34、40、50 等多种。有时也用两个数字表示标准磨口的规格，例如 10/30 表示磨口大端直径是

10 mm，磨口长度为 30 mm，磨口号码写作 Φ10。

常用标准磨口玻璃仪器如图 17-2、图 17-3、图 17-4 所示。

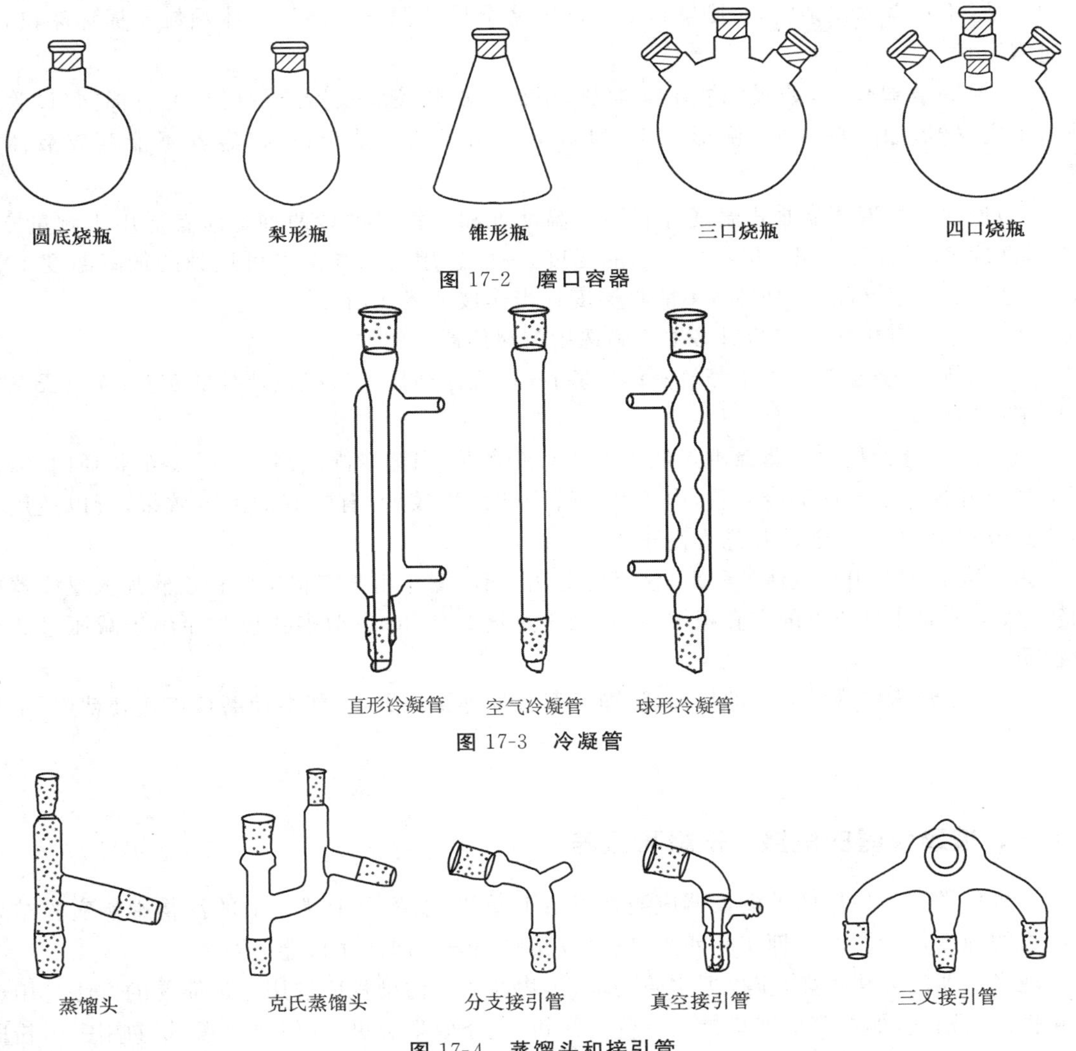

图 17-2 磨口容器

图 17-3 冷凝管

图 17-4 蒸馏头和接引管

二、玻璃仪器使用注意事项

化学实验用的玻璃仪器一般是用钾玻璃制成的，使用时应注意以下几点。

(1)玻璃仪器应轻拿轻放，使用时要特别注意保护带有玻璃塞的仪器，防止塞子掉落而破碎。除试管等少数玻璃仪器外，一般的玻璃仪器如需较长时间放置，应在磨口和活塞之间夹一小纸条，以防粘连。如果发生粘连，可在磨口缝隙处滴加少量有机溶剂(甘油或机油)，然后用电吹风加热，使之慢慢渗入，或者用水煮后用木块轻轻敲击塞子，使之打开。

(2)一般玻璃仪器在使用时，不必在磨口处涂抹凡士林等润滑剂，以免污染反应物和产物。但当反应中要使用强碱或要高温加热时，则应涂抹少许润滑剂，以避免因碱性腐蚀或高温作用而发生粘连，无法拆开。减压蒸馏时，磨口应用真空油脂润涂好，防止漏气。

(3)组装仪器时，磨口对接角度要适合，否则磨口会因倾斜应力的作用而破裂。同时，磨口必须清洁，不粘着固体杂物，否则磨口对接不紧密会导致漏气。硬的固体颗粒易损坏磨口，使用时需注意。

(4)厚壁玻璃仪器，如吸滤瓶不能加热；用火焰加热玻璃仪器至少要垫上石棉网(试管除外)；平底仪器，如平底烧瓶、锥形瓶不耐压，不能用于减压系统；广口容器不能存放液体有机物。

(5)最常用的液体膨胀式温度计有酒精温度计和水银温度计两种。前者适用于测量0～60 ℃的温度，后者可测量－30～300 ℃的温度，一般选用高出被测物可达到的最高温度10～20 ℃的温度计比较合适。另外，不能将温度计当作玻璃棒使用。

(6)在进行有机化学实验时必须正确选用玻璃仪器。例如：

①长颈圆底烧瓶常用于水蒸气蒸馏实验；三口烧瓶适用于带机械搅拌的实验；而克氏蒸馏烧瓶则适用于减压蒸馏实验。

②直形冷凝管只适宜蒸馏沸点低于140 ℃的物质，当蒸馏沸点高于140 ℃的物质时，需使用空气冷凝管。至于球形冷凝管，由于其内管冷却面积较大，有较好的冷凝效果，所以适用于加热回流实验，但也不能冷却沸点高于140 ℃的物质。

③分液漏斗常用于液体的萃取、洗涤和分离；滴液漏斗用于需将反应物逐滴加入反应器中的实验；布氏漏斗是瓷质的多孔板漏斗，在减压过滤时使用；小型多孔板漏斗用于减压过滤少量物质。

(7)用完玻璃仪器后应立即拆卸、洗净。若长期连接放置，可能会使磨口连接处粘连，不易拆开。

三、玻璃仪器的洗涤、干燥和保养

有机化学实验使用的玻璃仪器应当是清洁干燥的，以免由于仪器上的污物影响实验结果及产物的纯度。为及时处理实验残渣，应养成实验完毕立即洗净仪器的习惯。

洗涤仪器的方法很多，应根据实验要求、污物性质及污染程度选用。最简易的方法是用毛刷和去污粉刷洗，如在肥皂液里掺入一些去污粉，洗涤效果会更好(但要注意，切勿用去污粉刷洗磨口，以免损坏磨口)，然后用清水冲洗，最后用纯化水洗，清洗完成后，将仪器倒置，器壁不挂水珠，即为洗净。

对于碱性或酸性残渣，可分别用酸或碱液处理后，再用水洗净。清洗后的溶液应倒入指定的回收瓶内，不准倒入水槽和水池中。对于碳化残留，要先用铬酸洗液清洗，再用水冲洗。但必须注意，不能用大量的化学试剂或有机溶剂清洗仪器，这样不仅浪费，而且危险。

干燥仪器最简单的方法是倒置晾干。对于严格无水实验，可将仪器放入烘箱中进一步烘干。但要注意，带活塞的仪器放入烘箱时，需取下塞子，以防磨口和塞子受热粘连。急需使用的仪器，可将水尽量沥干，然后用少量丙酮和乙醇摇洗，回收溶剂后，用吹风机吹干。

烘干玻璃仪器时需注意：仪器烘干后，应使用坩埚钳将其取出，放在石棉板上让其冷却，切不可使很热的仪器沾上冷水，以免炸裂。有些仪器不宜采用烘箱烘干法干燥，如吸滤瓶、计量器皿、容量瓶、吸管、滴定管及冷凝管等。

项目18 有机化学实验基本操作

任务18.1 蒸 馏

一、实验目的

(1)熟悉蒸馏法分离混合物的方法。

(2)认识蒸馏和测定沸点的原理及应用。

(3)学会正确组装有关仪器,能进行蒸馏和沸点测定操作。

二、实验原理

液体物质在一定的温度下有一定的蒸气压,液体的蒸气压随着温度的升高而增大。当液体的蒸气压等于大气压(外界施于液面的总压力)时,有大量气泡从液体内部逸出而沸腾,这时的温度称为该物质的沸点。沸点与液体所受的外界压力有关,通常是指液体在大气压为101.325 kPa时沸腾的温度。

将液体加热沸腾,使液体变为蒸气,蒸气在冷凝器内冷凝为液体,这一过程称为蒸馏。通过蒸馏,可以将易挥发的和不易挥发的物质分离,不同沸点的液体混合物(沸点相差大于30 ℃的)也可彼此分离。蒸馏时的冷凝液(也称馏液)开始馏出和最后一滴馏出的温度就是这种液体的沸点范围(也称沸程)。纯净的液体有固定的沸点,而且沸程很短,一般为0.5～1 ℃。不纯净的液体没有固定的沸点,沸程较大。所以通过蒸馏可以精制液体物质、测定液体的沸点,并判定它是否纯净。

三、实验装置

蒸馏装置图如图18-1所示。

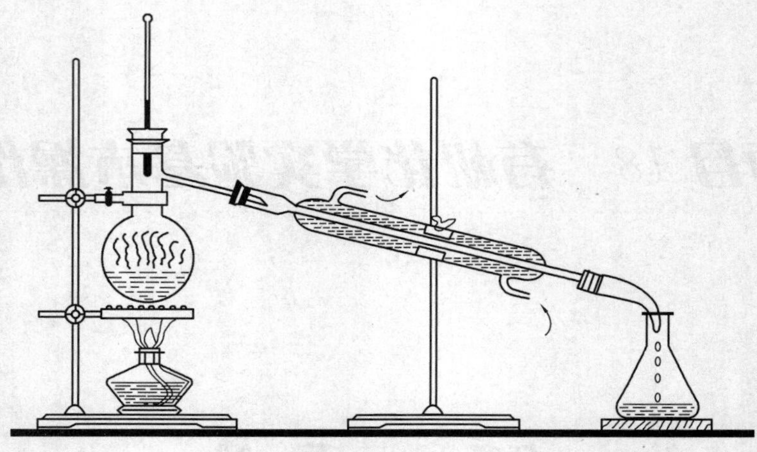

图 18-1 蒸馏装置图

四、主要仪器及试剂

(1)仪器:圆底烧瓶、温度计、蒸馏头、冷凝器、接引管、锥形瓶、电炉、加热套、量筒、烧杯、毛细管、橡皮圈、铁架台。

(2)试剂:沸石、氯仿、工业乙醇。

五、实验步骤

1.实验准备

温度计水银球的上限应和蒸馏烧瓶支管的下限在同一水平线上。冷凝管下端进水口接橡皮管,与自来水龙头连接,上端出水口接橡皮管,导入水槽中。冷凝管出水口应向上以保证冷凝管的套管中充满冷水。

注意:组装顺序一般从热源开始,即首先在铁架台上放置热源酒精灯(也可以是热浴锅或电热套),然后确定蒸馏烧瓶的位置,用铁夹夹住。在另一铁架台上用夹子夹住冷凝管的中上部,调整铁架台和夹子的位置,使冷凝管的中心线与蒸馏烧瓶支管的中心线成一直线,然后再接上接引管和接收器。

2.实验操作

(1)按照蒸馏装置图,从下到上、从左到右连接仪器,并检查装置是否处于同一平面、是否组装严密、是否与大气相通。

(2)在 100 mL 蒸馏瓶中用长颈漏斗或沿着面对蒸馏烧瓶支管的瓶颈壁,小心倒入 40 mL 工业乙醇。

(3)向蒸馏烧瓶中加入 2~3 粒沸石。

(4)加热前,先向冷却管中缓缓通入冷水,再打开电热套(或用水浴锅)进行加热蒸馏。慢慢增大火力使之沸腾,再调节火力,使温度恒定,控制蒸馏速度为 1~2 滴/s,分别收集 77 ℃以下、77~79 ℃的馏分。当瓶内只剩下少量(0.5~1 mL)液体时,若维持原来的加热速度,温度计的读数会突然下降，则可停止蒸馏。

(5)称量77～79 ℃的馏分，并计算回收率。

馏分质量：____________；回收率：____________。

(6)回收乙醇，拆卸装置(从右到左、从上到下)，然后清理实验台。

六、注意事项

(1)液体量不能少于烧瓶容量的1/3，也不能超过烧瓶容量的2/3。液体量过多，沸腾时液体可能冲出烧瓶；液体量太少，则烧瓶容量相对太大，当蒸馏结束，冷却后就会有较多未馏出的残液。

(2)温度计水银球上限应与蒸馏烧瓶支管下限对齐；漏斗的下端必须伸到蒸馏烧瓶支管以下，避免液体从支管流出。

(3)准备两个接收器，可用锥形瓶或圆底烧瓶充当。一个接收低馏分，另一个接收产品的馏分，蒸馏易燃液体时(如乙醚)，应在接引管的支管处接一根橡皮管将尾气导至水槽或室外。

(4)仪器组装顺序：一般是从下到上、从左(头)到右(尾)、先难后易、逐个装配，蒸馏装置严禁组装成封闭体系；拆仪器时则相反，从尾到头、从上到下。

(5)蒸馏可将沸点不同的液体分开，但各组分沸点至少相差30 ℃。

(6)液体的沸点高于140 ℃时用空气冷凝管。

(7)进行简单蒸馏时，组装好装置以后，应先通冷凝水，再进行加热。

(8)加热不能过快，被测液体不宜太少，以防液体全部汽化。

(9)热源的选择：沸点在100 ℃以下的液体可用沸水浴或水蒸气浴；100 ℃以上者可用油浴(250 ℃以下)或沙浴(350 ℃以下)；再高者可直接用火焰加热，但必须在蒸馏烧瓶下置一石棉网，否则会由于受热不均匀造成局部过热而引起产品分解或烧瓶破裂。

(10)开始加热时，可以让温度上升稍快些，当液体接近沸腾时，调节温度缓慢上升。当蒸气达到温度计水银球部时，温度急剧上升，这时，调低温度，使水银球上液滴温度和蒸气温度达到平衡，然后再稍加大火焰进行蒸馏。注意控制火焰(或浴温)，使温度计水银球部总保持有液珠，此时的温度为气、液达到平衡时的温度，温度计的读数即为馏出液的沸点。

七、思考题

(1)蒸馏时加入沸石的作用是什么？如果蒸馏前忘记加沸石，能否立即将沸石加至将近沸腾的液体中？当重新进行蒸馏时，用过的沸石能否继续使用？

(2)向冷凝管通水是由下而上，反过来效果会怎样？把橡皮管套进冷凝管侧管时，怎样才能防止其不折断侧管？

(3)为什么蒸馏烧瓶所盛液体的量不能超过其容积的2/3，也不能少于1/3？

(4)当有馏出液时，如果发现冷凝管未通冷水，能否立即通水？为什么？应该如何正确处理？

任务 18.2 水蒸气蒸馏

一、实验目的

(1)学习水蒸气蒸馏的基本原理及其应用。

(2)初步掌握水蒸气蒸馏的装置及其操作方法。

二、实验原理

在不溶或难溶于水但具有一定挥发性的有机化合物中通入水蒸气，使有机化合物在低于100 ℃的温度下随水蒸气蒸馏出来，这种操作过程称为水蒸气蒸馏。它是分离、提纯有机化合物的重要方法之一，该方法适用于具有挥发性、能随水蒸气蒸馏而不被破坏、在水中稳定且难溶或不溶于水的植物活性成分的提取。尤其适用于混有大量固体、树脂状或焦油状杂质的有机化合物。

当水与不溶于水的有机化合物混合时，整个体系的蒸气压力遵循道尔顿分压定律，即其液面上的蒸气压等于各组分单独存在时的蒸气压之和，可表示为：

$$P_{混合物}=P_{水}+P_{有机物}$$

当两者的饱和蒸气压之和等于外界大气压时，混合物开始沸腾，这时的温度为混合物的沸点，此沸点必定比混合物中任一组分的沸点都低。因此，常压下应用水蒸气蒸馏，能在低于100 ℃的情况下，将高沸点组分与水一起蒸出来。蒸馏时，混合物沸点保持不变，直到有机化合物全部随水蒸出，温度才会上升至水的沸点。

三、实验装置

水蒸气导出管与蒸馏导管之间用一 T 形管连接，在 T 形管支管上连接一段短橡皮管，用螺旋夹夹紧。T 形管用来除去水蒸气中冷凝下来的水，在操作发生不正常的情况时，打开螺旋夹，可使水蒸气发生器与大气相通。被蒸馏液体的量不能超过蒸馏烧瓶容积的 1/3。水蒸气导入管应正对烧瓶底中央，距瓶底 8～10 mm，以利于水蒸气和被蒸馏液体充分接触，并起搅拌作用，导出管连接在一直形冷凝管上。

图 18-2 是水蒸气蒸馏装置图。

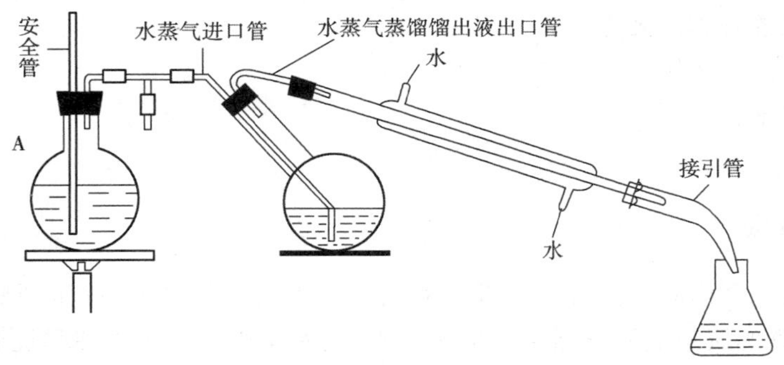

图 18-2 水蒸气蒸馏装置(标准磨口仪器)

四、主要仪器及试剂

(1)仪器:圆底烧瓶(250 mL)、圆底烧瓶(150 mL)、三通管、克氏蒸馏头、直形冷凝管、接引管、锥形瓶。

(2)试剂:甲苯(50 mL)。

五、实验步骤

(1)检漏。根据图 18-2 所示,按顺序组装仪器,把 T 形管换成三通管,蒸馏头换成克氏蒸馏头,其支管插入一支量程为 100 ℃的水银温度计即可,认真检查水蒸气蒸馏装置,必须严密不漏气。

(2)加料。在 250 mL 的圆底烧瓶中(水蒸气发生器)加入约 2/3 容器体积的水,并加入几粒沸石。取 50 mL 甲苯倒入 150 mL 的圆底烧瓶中,操作前再仔细检查一遍装置是否正确,各仪器之间的连接是否紧密,有没有漏气,若都无问题,则通冷凝水。

(3)加热。开始蒸馏时,应先打开三通管上的螺旋夹,直接加热水蒸气发生器,当有蒸气从三通管冲出时,旋紧螺旋夹,使水蒸气通入圆底烧瓶,开始蒸馏。水蒸气同时起加热、搅拌物料和带出有机物蒸气的作用。如果水蒸气在烧瓶中过多冷凝,特别是在室温较低时,可用小火加热圆底烧瓶。

(4)收集馏分。当冷凝管中出现浑浊液滴时,调节火焰,使馏出速度为 2～3 滴/s。当温度计读数、馏出液速度恒定后,改用 50 mL 量筒收集馏分。记录甲苯和水混合物的沸点、室温和大气压。当馏出液无明显油珠、澄清透明时,便可停止蒸馏。用软木塞塞住量筒,静置至完全分层,准确读取甲苯和水的体积。

(5)后处理。蒸馏完毕,应先取下三通管上的夹子,移走热源,待稍冷却后再关冷却水,以免发生倒吸现象。拆除仪器(拆除顺序与组装顺序相反),洗净。

六、数据记录

(1)产品的性状:________。

(2)蒸馏前的样品体积:________。

(3)甲苯和水混合物的沸点：________。

(4)蒸馏后的产品体积：________。

(5)计算回收率：________。

七、注意事项

(1)进行水蒸气蒸馏时，先将溶液(混合液或混有少量水的固体)置于圆底烧瓶中，加热水蒸气发生器至接近沸腾后旋紧三通管上的螺旋夹，使水蒸气均匀进入圆底烧瓶。

(2)需中断蒸馏或蒸馏完毕时，一定要先打开螺旋夹使装置通大气，然后才可以停止加热，否则圆底烧瓶中的液体会倒吸入水蒸气发生器中。

(3)蒸馏时应随时注意安全管中水柱的高度，防止系统堵塞。一旦发现水柱不正常上升或烧瓶中液体有倒吸，就说明系统堵塞，此时应立刻打开三通管的螺旋夹，移去火焰，找出原因。待堵塞排除后，才能继续蒸馏。

八、思考题

(1)什么情况下可以利用水蒸气蒸馏进行分离提纯？

(2)水蒸气蒸馏是什么原理？

(3)水蒸气蒸馏装置中安全管和三通管有什么作用？

(4)进行水蒸气蒸馏时，安全管和水蒸气导管末端为什么要接近烧瓶底部？

任务 18.3 分 馏

一、实验目的

(1)掌握实验室常用的分馏装置，并能进行简单的分馏操作。

(2)熟悉分馏的原理与意义。

(3)了解分馏柱的种类和选用方法。

二、实验原理

分馏是利用分馏柱将多次汽化—冷凝过程在一次操作中完成的方法。因此，分馏实际上是多次蒸馏。它更适合分离提纯沸点相差不大的液体有机混合物。进行分馏的必要性：①蒸馏分离不彻底；②多次蒸馏烦琐、费时，浪费极大。

蒸馏和分馏的原理基本相同，实际上分馏便是多次蒸馏。分馏比蒸馏多装一根分馏柱(或分馏管)。当沸腾的混合物蒸气进入分馏柱后，沸点较高的组分易被空气冷凝成液体，冷凝液中含有较多的高沸点组分，未被冷凝的蒸气中含较多的低沸点组分：冷凝液流下，与上升的蒸气接触，两者进行热量交换，结果，上升的蒸气中所含的高沸点组分被流下的较冷的液体所冷凝，而低沸点组分仍呈蒸气上升。与此同时，在流下的冷凝液中，低沸点组分则被上升的较热的蒸气所汽化，而高沸点组分仍呈液态。液相与气相在分馏柱中如此反复地进行交换，低沸点组分不断上升，进入冷凝管中，冷凝为液体而馏出；高沸点组分则不断回流到加热的容器中，使沸点不同的组分彼此分离。

三、实验装置

本实验的装置如图 18-3 所示。

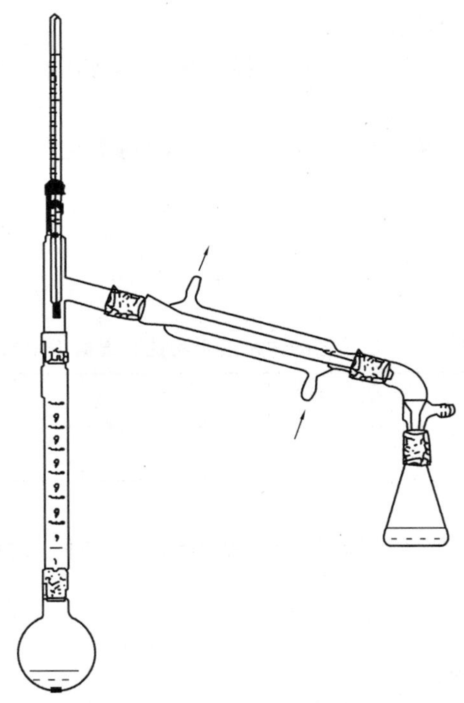

图 18-3　简单分馏装置

四、主要仪器及试剂

(1)仪器：圆底烧瓶、分馏柱、蒸馏头、温度计套管、温度计、冷凝管(直形冷凝管或空气冷凝管)、接引管、接收器、长颈漏斗、量筒、烧杯、铁架台、电热套。

(2)试剂：75%乙醇。

五、实验步骤

(1)按简单分馏装置安装仪器，准备 3 个接收器，分别注明“1 号”“2 号”“3 号”。

(2)在 100 mL 蒸馏瓶中用长颈漏斗或沿着面对蒸馏烧瓶支管的瓶颈壁，小心倒入 75％乙醇和水各 20 mL，并加入 1～2 粒沸石。

(3)缓慢加热水浴至沸腾后，蒸气慢慢进入分馏柱中，此时应控制加热程度，使温度慢慢上升，以保持分馏柱中有一个均匀的温度梯度。当冷凝管中有馏出液流出时，迅速记录温度计所示的温度。控制加热速度，使馏出液以 1 滴/s 的速度流出。

(4)将 80 ℃以前的馏分收集在 1 号瓶中。

(5)移去水浴，擦干烧瓶外壁，置于电热套中小火加热，收集 80～95 ℃的馏分于 2 号瓶中。

(6)当蒸气达到 95 ℃时，停止蒸馏，移去热源，冷却几分钟，使分馏柱内的液体回流至烧瓶。卸下烧瓶，将残液倒入 3 号瓶。

(7)量出并记录各馏分的体积。

(8)以柱顶温度为纵坐标，馏出液体积为横坐标，将实验结果绘成温度—体积曲线，讨论分馏效率。

(9)回收乙醇，拆卸装置(从右到左、从上到下)，清理实验台。

六、数据记录

根据实验，完成表 18-1。

表 18-1　75％乙醇与水混合物的分馏数据记录表

馏出液体积/mL	第一滴	5	10	15	20	30
温度/℃						

用坐标纸以馏出液体积为横坐标，柱顶温度为纵坐标作图，讨论分馏效率。

七、思考题

(1)分馏和蒸馏在原理及装置上有哪些异同？分馏操作时，影响分馏效率的因素有哪些？

(2)若加热太快，馏出液每秒钟的流出滴数超过要求，用分馏法分离两种液体的能力会显著下降，为什么？

(3)为了取得较好的分离效果，分馏柱必须保持回流液，为什么？

(4)在分离两种沸点相近的液体时，为什么装有填料的分馏柱比不装填料的效率高？

(5)在分馏时通常用水浴或油浴加热，与明火直接加热相比，水浴或油浴加热有什么优点？

(6)在什么情况下须用分馏法提纯液体物质？分馏的原理是什么？

(7)简单分馏需要注意什么才能获得较好的分馏效果？

(8)可以将分馏柱顶上温度计的水银柱插下去些吗？为什么？

任务 18.4 萃 取

一、实验目的

(1)了解萃取的原理和应用。

(2)能使用分液漏斗进行萃取和洗涤分离液体有机物的操作。

(3)熟悉萃取装置。

二、实验原理

萃取是利用系统中组分在溶剂中有不同的溶解度来分离混合物的单元操作。它是一种提取和纯化有机化合物的常用方法。

萃取通常分为液-液萃取和液-固萃取。

对液-液萃取而言,有两类萃取剂。一类萃取剂通常为有机溶剂,其萃取原理是:利用物质在两种互不相溶(或微溶)的溶剂中的溶解度(或分配系数)不同,使物质从一种溶剂转移到另一种溶剂中,从而达到将物质提取出来的目的。有机化合物在有机溶剂中的溶解度通常大于在水中的溶解度,因此,可用与水不相溶或微溶的有机溶剂从水溶液中将有机化合物提取出来。依照分配定律,用一定量的溶剂分多次萃取比一次萃取的效率高,一般萃取 3 次即可将绝大部分的物质提取出来。另一类萃取剂是反应型试剂,其萃取原理是利用它与被萃取的物质发生化学反应。这种萃取常用于从化合物中洗去少量杂质或分离混合物,方法与前面介绍的相同。例如稀酸、稀碱可以分别萃取或除去有机相中的碱性和酸性物质。在制备乙酸乙酯时,从反应器蒸出的乙酸乙酯中含有乙酸、乙醚和乙醇,用碳酸钠溶液洗去其中的乙酸,用氯化钙溶液洗去其中的乙醇,实际上就是萃取过程。

对于液-固萃取而言,萃取原理是:利用固体样品中被提取的物质和杂质在同一液体溶剂中溶解度的不同而达到分离和提取的目的。

从混合物中提取需要的物质时,选择萃取溶剂的基本原则是:萃取溶剂对被提取物有较大的溶解度,并且与原溶剂不相溶或微溶;两溶剂之间的相对密度差异较大(以利于分层);化学稳定性好,与原溶剂和被提取物都不反应;沸点较低,萃取后易用常压蒸馏回收。此外,也应考虑价廉、毒性小、不易着火等条件。

三、主要仪器及试剂

(1)仪器:分液漏斗(125 mL)、烧杯(150 mL)、烧杯(250 mL)、锥形瓶(100 mL)、量筒、酒精灯、索氏提取器。

(2)试剂:乙醚、无水硫酸镁。

四、实验步骤

1. 液-液萃取

在苯胺制备实验中，水蒸气蒸馏所得的馏出液分离下层苯胺后，收集的水层里面还有一定量的苯胺，可以用乙醚进行萃取。

取 125 mL 分液漏斗，取出玻璃活塞，擦干，在中间小孔两侧沾上少许凡士林（注意勿堵塞中间小孔），把活塞放回原处，塞紧，并来回旋转几下，使凡士林分布均匀，以防止渗漏。将分液漏斗放在铁圈中（铁圈固定在铁架上），关好活塞，依次从上口倒入上述水溶液和乙醚，塞好并旋转玻璃塞，取下分液漏斗，按如图 18-4 所示的方法握住分液漏斗进行振摇。

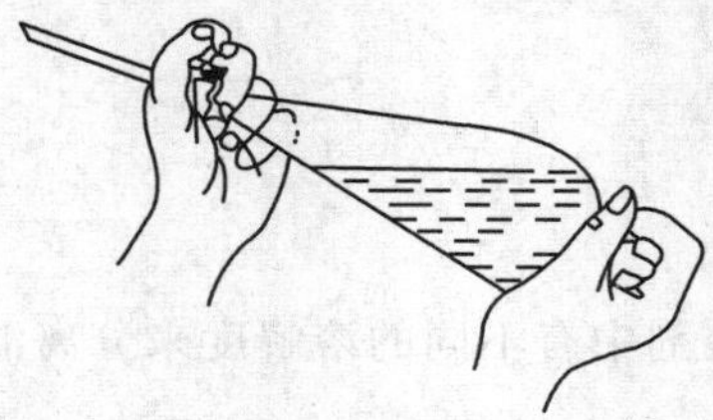

图 18-4　分液漏斗振摇方法

开始时稍慢，每振摇几次，就将漏斗向上倾斜，打开活塞，把分液漏斗中的乙醚蒸气放出，然后关闭活塞，再振摇，如此重复，2～3 min 后将漏斗放回铁圈中静置。待分液漏斗中两液体层完全分开后，打开上面的塞子，小心旋开活塞，放出下面水层，到快放完时，把活塞关紧些，让水层逐滴流下，一旦分离完毕，立即关闭活塞（静置片刻再观察有无分离完全）。把乙醚层从分液漏斗的上口倒出，密塞储存于小锥形瓶中，然后把水层倒回分液漏斗中，用新的 20 mL 乙醚按同法再次进行萃取，共 3 次。合并萃取液，往萃取液中加入无水硫酸镁（或无水硫酸钠）进行干燥，再蒸馏挥发乙醚，留下的即为苯胺（可用蒸馏法进行精制）。

2. 液-固萃取

实验室常用索氏提取器（又称脂肪提取器）进行液-固萃取，这是一种连续提取装置，如图 18-5 所示。

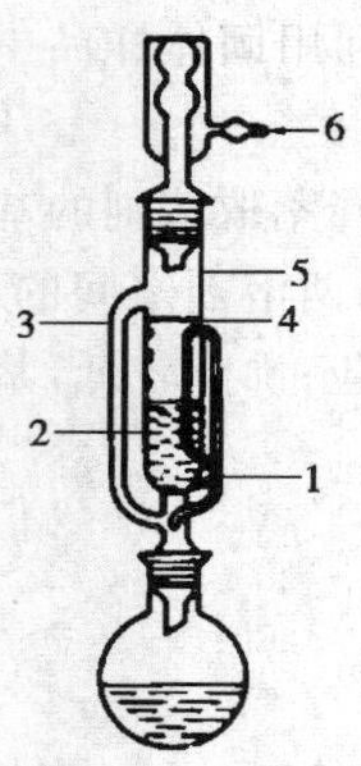

图 18-5　索氏提取器装置

1—虹吸管；2—样品；3—蒸气上升管；4—滤纸筒；5—抽提筒；6—冷水

首先把固体物质粉碎研细，放在圆柱形滤纸筒中。滤纸筒的直径小于索氏提取器的内径，其下端用细线扎紧，其高度以介于索氏提取器外侧的虹吸管和蒸气上升管管口之间为宜。提取器下口与盛有萃取溶剂的圆底烧瓶连接，上口与回流冷凝管相连。向圆底烧瓶中投入几粒沸石，开始加热（如为易燃性溶剂，需用水浴加热），溶剂沸腾后，其蒸气通过提取器外侧直径较大的支管上升，被冷凝管冷凝为液体，回滴到盛有固体物质粉末的圆柱形滤纸筒内，可溶性物质便被萃取到热溶剂中。当溶液的液面超过直径较小的虹吸管顶端时，溶液会通过虹吸管自动虹吸流回圆底烧瓶。溶剂回流和虹吸作用重复循环，使固体中的成分被萃取出来而集中于烧瓶中，然后再经回收溶剂精制而获得纯的成分。

五、注意事项

(1)分液漏斗玻璃塞和活塞要用线或橡皮筋拴在漏斗体上，以免掉下打破或调错。

(2)活塞要涂上凡士林（上面的玻璃塞可涂可不涂）。

(3)放入液体总量不能超过漏斗容量的 3/4。

(4)不能用手拿分液漏斗的下端。

(5)分液漏斗要放在铁圈上，打开上面的玻璃塞后，才能开启下面的活塞。

(6)下层液体通过活塞放出，上层液体从上面的漏斗口倒出。

(7)在萃取过程中（尤其是溶液呈碱性时）常常会产生乳化现象，静置难以分层，影响两相分离。解决的办法主要有：

①延长静置时间。

②加入少量电解质（如氯化钠）以盐析破坏溶剂（适用于水与有机溶剂）。

③加入少量稀硫酸（适用于碱性溶液与有机溶剂）。

④进行过滤（适用于存在少量轻质沉淀时）。

六、思考题

(1)萃取的原理是什么？为什么萃取也是一种分离提纯有机化合物的方法？萃取适用于哪些情况？

(2)萃取所用的溶剂应具备哪些条件？在用量和次数方面应注意什么？

(3)怎样正确使用分液漏斗？怎样才能使两层液体分离干净？

(4)索氏提取器的工作原理是什么？适于萃取哪些物质？与分液漏斗萃取有何不同？

项目 19 有机化合物的制备

任务 19.1 环己烯的制备

一、实验目的

(1)熟悉制备环己烯的反应原理,学习制备环己烯的方法。

(2)掌握简单分馏的一般原理及基本操作技能。

(3)复习分液漏斗的使用,液体的洗涤、干燥等基本操作。

二、实验原理

实验室制备少量环己烯常采用醇催化脱水法。整个反应是可逆的,为了促使反应完成,必须不断地将反应生成的低沸点烯烃蒸出来。由于高浓度的酸会导致烯烃的聚合、分子间的失水及碳化,故常伴有副产物生成。

主反应:

$$\text{OH} \quad \xrightarrow[\triangle]{H_3PO_4} \quad + H_2O$$

副反应:

$$2 \quad \text{OH} \quad \xrightarrow[\triangle]{H_3PO_4} \quad \text{—O—}$$

三、实验装置

本实验装置如图 18-3 所示。

四、主要仪器及试剂

(1)仪器:圆底烧瓶(50 mL)、分馏柱、直形冷凝管、蒸馏头、接引管、接收器、温度计、温度计套管、分液漏斗、电热套、量筒、天平。

(2)试剂:环己醇[10 mL(9.6 g 或 0.096 mol)];85%磷酸(5 mL);氯化钠;5%碳酸钠溶液;无水氯化钙。

五、实验步骤

(1)加料。在 50 mL 干燥的圆底烧瓶中加入 10 mL(9.6 g 或 0.096 mol)环己醇、5 mL 85%磷酸(也可用 1 mL 浓硫酸代替)和几粒沸石,并充分振摇使混合均匀。然后在烧瓶上装韦氏分馏柱作分馏装置,接上直形冷凝管,用小锥形瓶作接收器,置于冰水浴中冷却。

(2)反应。为使加热均匀,应使用空气浴。电热套小火加热混合物至沸腾,慢慢蒸出带水的浑浊液体,控制分馏柱顶部温度不超过 73 ℃,当无液体蒸出时加大火焰,继续蒸馏,控制分馏柱顶部温度不超过 85 ℃。当烧瓶中只剩下少量的残渣并出现阵阵白雾时,停止蒸馏。馏出液为环己烯和水的浑浊液。

(3)洗涤及干燥。向馏出液中加入 5 mL 饱和氯化钠溶液,然后加入 3~4 mL 5%碳酸钠溶液中和微量的酸。将此液体转移到 50 mL 的分液漏斗中,振摇后静置分层。将下层水溶液自漏斗下端放出;上层粗产物自漏斗上口倒入干燥的小锥形瓶中,并加入 1~2 g 无水氯化钙干燥。

(4)蒸馏。将干燥的粗产物倒入干燥的蒸馏瓶中,加入沸石后用水浴加热蒸馏。收集80~85 ℃馏分于一已称重的干燥的 30 mL 锥形瓶中。若蒸出产物浑浊,则必须重新干燥后再蒸馏。

(5)称出产品质量,计算产率。

六、注意事项

(1)环己醇在常温下是黏稠的液体,因此用量筒量取时应注意转移中的损失。所以,取样时,最好先取环己醇,后取磷酸,环己醇与磷酸应充分混合,否则在加热过程中可能会局部碳化。

(2)最好用简易空气浴,使蒸馏时受热均匀。由于反应中环己烯与水形成共沸物(沸点 70.8 ℃,含水 10%);环己醇与环己烯形成共沸物(沸点 64.9 ℃,含环己醇 30.5%);环己醇与水形成共沸物(沸点 97.8 ℃,含水 80%),因此加热时温度不可过高,蒸馏速度不宜太快,以避免未反应的环己醇蒸出。

(3)水层应尽可能分离完全,否则将增加无水氯化钙的用量,使产物更多地被干燥剂吸附而损失。这里用无水氯化钙干燥较适合，因它还可除去少量环己醇。

(4)加热温度不宜过高，速度不宜过快，以减少未反应的环己醇蒸出。文献要求柱顶温度控制在73 ℃左右，以防环己醇被蒸出，但反应速度太慢。本实验为了加快蒸出的速度，可将温度控制在85 ℃以下。

(5)在蒸馏已干燥的产物时，蒸馏所用仪器都应充分干燥。否则前馏分中环己烯与水形成恒沸物于70.8 ℃蒸出。

七、思考题

(1)脱水剂为什么选择磷酸而不选择硫酸？

(2)在粗制的环己烯中，加入食盐使水层饱和的目的是什么？

(3)为了使粗产物更充分地干燥，是否可以过多地加入无水氯化钙？

任务19.2 正丁醚的制备

一、实验目的

(1)掌握醇脱水制醚的反应原理和制备单醚的方法。

(2)学习分水器的使用方法和实验操作。

(3)学会回流蒸馏的基本操作和技能。

二、实验原理

主反应：

$$2CH_3CH_2CH_2CH_2OH \xrightarrow{H_2SO_4,134\sim135\ ℃} CH_3CH_2CH_2CH_2OCH_2CH_2CH_2CH_3 + H_2O$$

副反应：

$$CH_3CH_2CH_2CH_2OH \xrightarrow[>135\ ℃]{H_2SO_4} C_4H_8 + H_2O$$

三、实验装置

本实验的装置如图19-1所示。

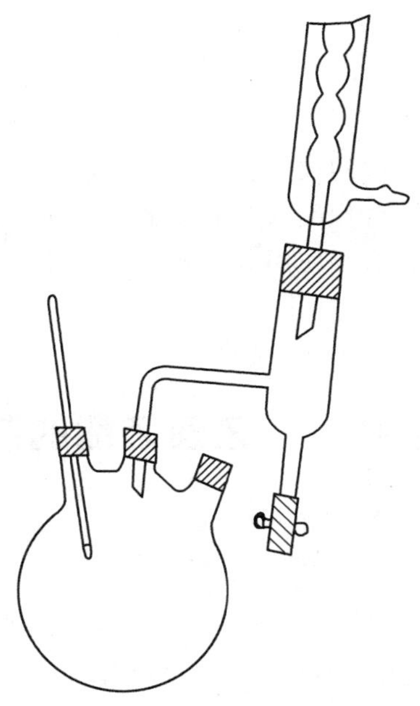

图 19-1 回流蒸馏装置

四、主要仪器及试剂

(1)仪器:电热套、铁架台、十字夹、万能夹、分水器、温度计及接头、冷凝器、玻璃塞、蒸馏头、接引管、三口连接管、锥形瓶、量筒、分液漏斗、烧瓶。

(2)试剂:正丁醇、浓硫酸、无水氯化钙、50%硫酸溶液。

五、实验步骤

(1)按图 19-1 组装好回流蒸馏装置,在 100 mL 三颈烧瓶中加入 12.5 g(15.5 mL)正丁醇和约 4 g(2.2 mL)浓硫酸,摇动使混合均匀,并加入几粒沸石。

(2)在三颈烧瓶的一瓶口装上温度计,另一瓶口装上分水器,分水器上端接回流冷凝管。

(3)在分水器中加入 2 mL 水,然后将烧瓶放在电热套中用小火加热,回流。

(4)继续加热至瓶内温度升高到 134~135 ℃(约需 20 min)。待分水器全部被水充满时,反应已基本完成。

(5)冷却反应物,将它连同分水器里的水一起倒入内盛 25 mL 水的分液漏斗中,充分振摇,静置,分出粗产物正丁醚。

(6)将粗产物用两份 8 mL 50%硫酸洗涤两次,再用 10 mL 水洗涤一次,然后用无水氯化钙干燥。

(7)干燥后的产物倒入蒸馏烧瓶中,蒸馏收集 139~142 ℃的馏分。

纯正丁醚为无色液体,沸点为 142 ℃,相对密度(d_4^{20})为 0.769,折光率(n_D^{20})为 1.3992。

六、思考题

(1)写出实验各洗涤步骤中各层的成分。

(2)反应结束后为什么要将混合物倒入 25mL 水中？其后各洗涤步骤的目的是什么？

(3)正丁醚的制备过程中为什么要使用分水器？它有什么作用？

任务 19.3　乙酸乙酯的制备

一、实验目的

(1)掌握蒸馏、分液漏斗的使用等操作。

(2)熟悉酯化反应的原理及应用，熟悉滴液漏斗的使用方法。

(3)学习酯的制备方法。

(4)学会制备乙酸乙酯的操作。

二、实验原理

在一定温度并有少量浓硫酸催化下，羧酸和醇发生酯化反应生成酯。但酯化反应是可逆反应，生成的酯又可以水解为羧酸和醇，硫酸能使反应较快达到平衡。为了提高酯的产率，可以采取下列措施：

①增加反应物酸或醇的用量。

②加浓硫酸把生成的水除去。

③反应时不断移去生成的酯。

在本实验中，乙醇比乙酸便宜，所以乙醇是过量的。生成的乙酸乙酯随即被蒸馏而出，以促进可逆反应向生成酯的方向进行。

主反应：

$$CH_3COOH + CH_3CH_2OH \underset{\triangle}{\overset{浓\ H_2SO_4}{\rightleftharpoons}} CH_3COOCH_2CH_3 + H_2O$$

副反应：

$$CH_3CH_2OH \xrightarrow[170\ ℃]{浓\ H_2SO_4} CH_2{=}CH_2 + H_2O$$

$$2CH_3CH_2OH \xrightarrow[140\ ℃]{浓\ H_2SO_4} (CH_3CH_2)_2O + H_2O$$

三、实验装置

本实验装置如图 19-2 所示。

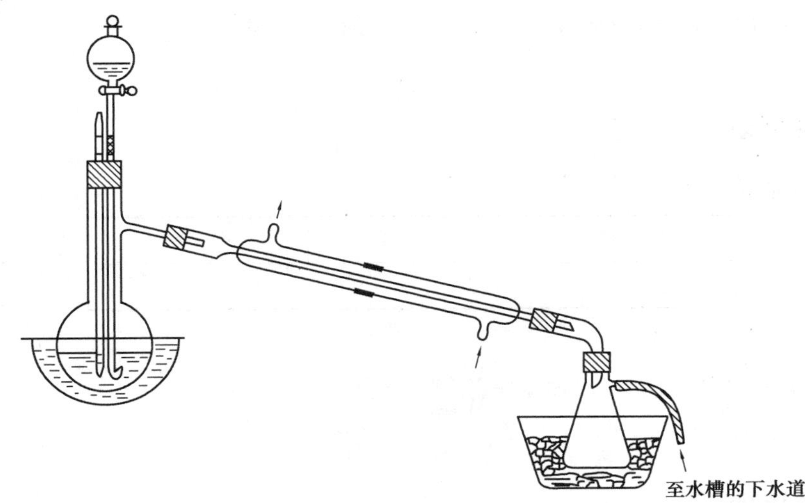

图 19-2 蒸馏装置

四、主要仪器及试剂

(1)仪器:圆底烧瓶、冷凝管、蒸馏头、接引管、分液漏斗、加热套、铁架台、锥形瓶。

(2)试剂:无水乙醇、冰醋酸、浓硫酸、饱和碳酸钠溶液、饱和食盐水、饱和氯化钙溶液、无水硫酸镁。

五、实验步骤

(1)在 100 mL 蒸馏烧瓶上配置一个双孔塞子(也可用三口烧瓶代替蒸馏烧瓶)。一孔插入一支温度计,温度计的水银球要伸到距瓶底约 2 mm 处。另一孔插入一根末端有钩形弯头的玻璃管,弯头也要伸到距瓶底约 2 mm 处。玻璃管的上端通过一段橡皮管与分液漏斗连接。蒸馏烧瓶的侧管连接冷凝管与接引管,接引管伸入外面用冰水冷却的锥形瓶中。

(2)在蒸馏烧瓶中加入 3 mL 乙醇,在不断振荡和冷却下,小心滴入 3 mL 浓硫酸,混合均匀,并加入 2 粒沸石。在分液漏斗中加入 20 mL 乙醇和 14.3 mL 冰醋酸的混合液。然后用小火加热蒸馏,当混合物的温度达到 120 ℃左右时,开始滴加乙醇和冰醋酸混合液,调节加料速度使其和蒸出乙酸乙酯的速度大致相等,同时保持反应混合物的温度在 120~125 ℃。加完全部混合液约需 90 min,滴加完毕后再继续加热 10 min,直到不再有液体馏出为止。

(3)反应完成后,首先拆下接收产物的锥形瓶,塞上塞子;再按要求拆除制备装置。然后在不断振荡下向接收产物的锥形瓶中慢慢加入饱和碳酸钠溶液,直到上层液体的 pH 值为 7~8 为止(用 pH 试纸检验)。将混合液倒入分液漏斗中,分出水层后,用等体积的饱和食盐水洗涤；放出下层食盐溶液，再用等体积的饱和氯化钙溶液洗涤酯层两次，弃去水层；将粗乙酸乙酯倒入干燥的 50 mL 的锥形瓶中，加入 3～5 g 无水硫酸镁干燥，干燥时间约 30 min，加塞放置，期间要间歇振荡，直至液体澄清。

(4)将乙酸乙酯通过长颈漏斗小心地过滤至 60 mL 的蒸馏烧瓶中，加入沸石，用水浴加热蒸馏。用已知质量的洁净锥形瓶收集 73～78 ℃的馏分，称量。

六、数据记录

根据实验，完成表格：

原　料	产　物	产　率

计算：产率$=\frac{V_{产品}}{V_{理论}}\times 100\%$或产率$=\frac{W_{产品}}{W_{理论}}\times 100\%$。

七、注意事项

(1)加浓硫酸时要缓慢加入，且边加边振荡。

(2)洗涤时注意放气，有机层用饱和食盐水洗涤后，尽量将水相分干净。

(3)用饱和氯化钙溶液洗涤之前，一定要先用饱和食盐水洗，否则会产生沉淀，给分液带来困难。

(4)酯化反应的温度必须严格控制在 110～120 ℃，温度低反应不完全，温度高会增加副产物(如乙醚)而降低酯的纯度和产量。

(5)温度计的水银球部分应距离烧瓶底约 2 cm，使其能正确指示温度。分液漏斗的末端应插入反应物液面以下约 2 cm(如漏斗的末端不够长，可用胶管或橡皮管接上一段玻璃管)，若在液面之上，滴入的乙醇受热蒸发，不能参与反应，影响产量，若插入太深，因压力关系有可能使反应物难以滴入。

(6)要控制从分液漏斗滴入反应物的速度，使其与馏液蒸出的速度大体一致。如滴加太快会使醋酸和乙醇来不及反应而被蒸出，或使反应物温度迅速下降，两者都将影响酯的产量。

八、思考题

(1)蒸出的粗乙酸乙酯中主要有哪些杂质？如何除去？

(2)能否用氢氧化钠溶液代替饱和碳酸钠溶液来洗涤？为什么？

(3)酯化反应有什么特点？本实验采取了哪些措施使反应尽量向正反应方向进行？

(4)在酯化反应中用作催化剂的硫酸，一般只取醇质量的 3%，本实验为什么多用了大约一倍？

(5)醋酸是否可以过量使用？为什么？

任务 19.4 从茶叶中提取咖啡因

一、实验目的

(1)掌握从茶叶中提取咖啡因的原理和方法。
(2)学习索氏提取器连续抽提的方法。
(3)熟悉升华操作的方法及作用。

二、实验原理

茶叶含有生物碱——含量3%~5%的咖啡因、含量较少的茶碱和可可豆碱。此外,茶叶中还含有11%~12%的丹宁酸(又称鞣酸),以及叶绿素、纤维素、蛋白质等。

咖啡因是白色针状晶体,无臭、味苦,易溶于水、乙醇、丙酮、氯仿,微溶于石油醚,难溶于乙醚和苯,100 ℃时失去结晶水,并开始升华,178 ℃时升华很快。无水咖啡因的熔点为238 ℃。

本实验用适当的溶剂(95%乙醇)从茶叶中提取咖啡因,并在索氏提取器中连续抽提,然后浓缩、焙炒得到粗制咖啡因,最后通过升华提纯得到纯净的咖啡因。

三、实验装置

本实验装置如图18-5、图19-3所示。

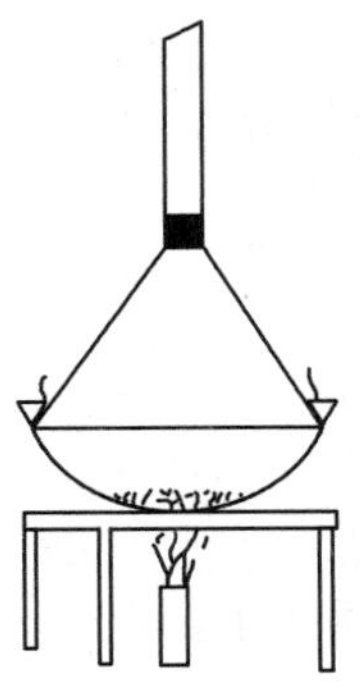

图19-3 常压升华装置图

四、主要仪器及试剂

(1)仪器:索氏提取器、圆底烧瓶、滤纸、石棉网、沙浴锅、小刀。
(2)试剂:95%乙醇(120 mL)、氧化钙(3 g)、茶叶(10 g)。

五、实验步骤

(1)按图 18-5 装配索氏提取器。称取 10 g 茶叶(或茶叶末),放入索氏提取器的滤纸套筒中,然后在 250 mL 圆底烧瓶中加入 120 mL 95%乙醇和 2~3 粒沸石,水浴加热。连续抽提 2.5~3 h 后,待冷凝液刚刚虹吸下去时,立即停止加热。然后将装置改装成蒸馏装置,回收抽提液中的大部分乙醇(约 100 mL),将残液趁热倒入蒸发皿中,拌入 3 g 研细的氧化钙,在水蒸气浴上蒸干。将蒸发皿移至煤气灯上,隔着石棉网焙炒片刻(务必使水分全部除去),冷却后,擦去沾在蒸发皿边上的粉末,以免升华时污染产物。

(2)按图 19-3 组装实验装置,用沙浴小心加热升华。将沙浴温度控制在 220~230 ℃(温度太高会使产物碳化)。当滤纸上出现白色针状结晶时,适当控制火焰以降低升华速度;当沙浴温度达到 230 ℃(或发现有棕色烟雾)时,立即停止加热,冷至 100 ℃左右,小心揭开漏斗和滤纸,仔细地把附在纸上及器皿周围的咖啡因晶体用小刀刮下。如果残渣仍为绿色,可再次升华,直至残渣变为棕色为止。合并两次所得的咖啡因,称量,测熔点。

产量:70~100 mg;实测的熔点范围:236~237 ℃。

六、注意事项

(1)滤纸套筒要紧贴器壁,其高度以介于虹吸管和蒸气上升管管口之间为宜,滤纸套筒上部折成凹形,以保证回流液均匀浸透被萃取物。必须注意,滤纸包茶叶末时要严防漏出而堵塞虹吸管。

(2)水蒸气浴加热后,务必使水分全部除去,如留有少量水分,会在升华开始时产生一些烟雾污染器皿。

(3)在萃取回流充分的情况下,纯化产物的升华操作是本实验成败的关键。在升华过程中必须始终小火。严格控制加热温度,如温度太高,会使产品发黄,被升华物很快烤焦;温度太低,咖啡因会在蒸发皿内壁上结晶,与残渣混在一起。为节省实验时间,沙浴可预先加热至接近 100 ℃。

七、思考题

(1)蒸发皿中加氧化钙起什么作用?

(2)用什么方法可以测定提取的咖啡因的纯度?

任务 19.5 从黄连中提取黄连素

一、实验目的

(1)掌握从中草药中提取生物碱的原理和方法。

(2)熟悉索氏提取器连续抽提的方法。

(3)了解中药成分的提取方法。

二、实验原理

黄连素是中药黄连等的主要有效成分,抗菌能力很强,在临床上有广泛应用。

黄连素是黄色针状晶体,微溶于水和乙醇,较易溶于热水和热乙醇,几乎不溶于乙醚。黄连素的盐酸盐难溶于冷水,但易溶于热水。本实验就是利用这些性质来提取黄连素的。

三、主要仪器及试剂

(1)仪器:索氏提取器、圆底烧瓶、水泵、漏斗。

(2)试剂:95%乙醇、黄连、丙酮、石灰乳、1%醋酸。

四、实验步骤

(1)装配索氏提取器。称取 10 g 由中药黄连切成的细小碎片,磨细后放入索氏提取器的滤纸套筒中,然后在下方的 250 mL 圆底烧瓶中加入 100 mL 95%乙醇和 2～3 粒沸石,水浴加热,连续提取 1～2 h,待冷凝液刚刚虹吸下去时,立即停止加热。

(2)在水泵减压下蒸出乙醇(回收),直至得到棕红色糖浆状物质。再加入 1%醋酸 20 mL,加热溶解,抽滤除去不溶物。

(3)于滤液中逐滴加入浓盐酸,至溶液浑浊为止(约 8 mL);冰水浴冷却,即有黄色针状的黄连素盐酸盐析出,抽滤,结晶用冰水洗涤两次,再用丙酮洗涤一次,干燥,烘干后称量。

五、注意事项

(1)得到纯净的黄连素晶体比较困难。向黄连素盐酸盐中加热水至刚好溶解,煮沸,用石灰乳调节至 pH 值为 8.5～9.8,稍冷后滤去杂质,滤液继续冷却到室温以下,即有针状体的黄连素析出,抽滤,将晶体在 50～60 ℃下干燥。

(2)丙酮具有挥发性,注意要在通风设备中使用。

六、思考题

(1)为何用石灰乳而不是强碱氢氧化钠来调节溶液的酸碱度?

(2)黄连素是哪种生物碱类的化合物?

项目 20　有机化合物的性质实验

任务 20.1　醇和酚的性质

一、实验目的

(1)熟悉醇和酚的主要化学性质以及它们性质上的异同。

(2)学会醇和酚的鉴别方法。

二、主要仪器及试剂

(1)仪器:试管、试管架、酒精灯、镊子、小刀、量筒、烧杯、滴管、表面皿。

(2)试剂:乙醇、无水乙醇、正丁醇、仲丁醇、叔丁醇、乙二醇、甘油、苯酚、乙醚、金属钠、酚酞试液、蓝色石蕊试纸、稀硫酸、浓硫酸、浓盐酸、0.17 mol/L 重铬酸钾溶液、卢卡斯试剂、0.2 mol/L苯酚溶液、0.2 mol/L 邻苯二酚溶液、0.2 mol/L 苯甲醇溶液、2.5 mol/L 氢氧化钠溶液、0.3 mol/L 硫酸铜溶液、饱和碳酸氢钠溶液、饱和氨水、0.06 mol/L 三氯化铁溶液、0.03 mol/L 高锰酸钾溶液。

三、实验步骤

(一)醇的性质

(1)醇与金属钠的反应。取 3 支干燥的试管,编号,分别加入 1 mL 蒸馏水、无水乙醇和正丁醇,再各放入一粒绿豆大小的洁净金属钠,观察反应速度的差异。待金属钠完全溶解后,将金属钠与乙醇反应后的溶液倒在表面皿上,使剩余的乙醇挥发,如有必要可水浴加热表面皿。乙醇挥发后残留在表面皿上的固体为乙醇钠。滴加数滴水于乙醇钠上使其溶解,然后再滴入 1 滴酚酞试液,记录并解释发生的现象。

(2)醇的氧化反应。取 4 支干燥的试管,编号,1—3 号试管中分别加入正丁醇、仲丁醇、叔丁醇各 10 滴,4 号试管中加入 10 滴蒸馏水作为对照。然后各加入 1 mL 稀硫酸、10 滴 0.17 mol/L重铬酸钾溶液,振荡,记录并解释发生的现象。

(3)醇与卢卡斯试剂的反应。取3支干燥的试管，分别加入正丁醇、仲丁醇、叔丁醇各10滴，在50～60 ℃水浴中预热片刻。然后同时向3支试管中加入卢卡斯试剂各1 mL，用软木塞塞住试管，振荡，静置，观察发生的现象，记录混合液体变浑浊和出现分层所需要的时间。

(4)甘油与氢氧化铜的反应。取干燥试管2支，各加入1 mL 2.5 mol/L氢氧化钠溶液和10滴0.3 mol/L硫酸铜溶液，摇匀。然后往一支试管中加入5滴10%的乙二醇，振荡；往另一支试管中加入5滴10%的甘油，振荡，观察并记录发生的变化。

(二)酚的性质

(1)酚的溶解性和弱酸性。称取0.3 g苯酚放入试管中，加入3 mL水，振荡试管后观察是否溶解。用玻璃棒蘸一滴溶液，以蓝色石蕊试纸检验溶液的酸碱性。加热试管观察苯酚发生的变化。将溶液分装在两支试管中，冷却后两试管均出现浑浊。向其中一支试管加入几滴5%氢氧化钠溶液，观察现象。再加入10%盐酸，观察有何变化。在另一支试管中加入5%碳酸氢钠溶液，观察浑浊液是否溶解。

(2)酚与溴水的反应。在试管中加入1 mL饱和溴水，再滴入2滴0.2 mol/L的苯酚溶液，振荡，观察并记录发生的现象。

(3)酚与三氯化铁的显色反应。取小试管3支，分别加入0.2 mol/L苯酚溶液、0.2 mol/L邻苯二酚溶液、0.2 mol/L苯甲醇溶液各5滴，再各滴入1滴0.06 mol/L三氯化铁溶液，振荡，观察并记录发生的现象。

(4)酚的氧化反应。在试管中加入1 mL 0.2 mol/L的苯酚溶液，再加入10滴2.5 mol/L氢氧化钠溶液，最后加入5～6滴0.03 mol/L高锰酸钾溶液，观察并记录发生的现象。

四、注意事项

(1)在酚与三氯化铁的显色反应中，三氯化铁不宜多加，否则三氯化铁的颜色将会掩盖反应产生的颜色，尤其是在酚含量较低时。

(2)酚有腐蚀性，在使用需注意安全。

五、思考题

(1)为什么卢卡斯试剂可以鉴别伯醇、仲醇、叔醇？应用此方法时有什么条件限制？

(2)为什么苯酚能溶于氢氧化钠溶液而不能溶于碳酸氢钠溶液？

(3)醇和酚都有羟基，为什么有不同的化学性质？

(4)为什么苯酚比苯更容易发生溴代反应？

任务 20.2　醛和酮的性质

一、实验目的

(1)熟悉醛和酮的主要化学性质以及它们性质上的异同。

(2)学会醛和酮的鉴别方法。

二、主要仪器及试剂

(1)仪器:试管、烧杯、温度计、石棉网、酒精灯。

(2)试剂:正丁醛、苯甲醛、丙酮、苯乙酮、甲醛、乙醛、无水乙醇、正丁醇、2,4-二硝基苯肼、95%乙醇、40%乙醛水溶液、浓硫酸、氢氧化钠、氨水、亚硫酸氢钠、硝酸银、斐林试剂 A 液(硫酸铜溶液)、斐林试剂 B 液(酒石酸钾钠的氢氧化钠溶液)、碘化钾、碘。

三、实验步骤

(一)亲核加成反应

(1)与饱和亚硫酸氢钠溶液加成。取 4 支干燥的试管,各加入 2 mL 新配制的饱和亚硫酸氢钠溶液,然后分别滴加 8～10 滴正丁醛、苯甲醛、丙酮、苯乙酮,用力振荡,使混合均匀,将试管置于冰水浴中冷却,观察有无沉淀析出,记录沉淀析出所需的时间。

(2)与 2,4-二硝基苯肼的加成反应。取 4 支试管,各加入 2 mL 2,4-二硝基苯肼试剂,再分别滴加 2～3 滴正丁醛、苯甲醛、丙酮,用力振荡,使混合均匀,观察有无沉淀析出。如无,静置数分钟后观察;再无,可微热 1 分钟后振荡,冷却后再观察。

(3)α-氢原子的反应——碘仿反应。取 4 支试管,各加入 1 mL 碘—碘化钾溶液,并分别加入 5 滴 40%乙醛水溶液、丙酮、乙醇、苯乙酮。然后一边滴加 10%氢氧化钠溶液,一边振荡试管,直到碘的颜色接近消失,反应液呈微黄色为止。观察有无黄色沉淀。如无沉淀,可在 60 ℃水浴中温热 2～3 min,冷却后观察。比较各试管所得结果。

(二)与弱氧化剂反应

1. 银镜反应

在洁净的试管中加入 4 mL 2%硝酸银溶液和 2 滴 5%氧氧化钠溶液,然后一边滴加 2%氨水,一边振摇试管,直到生成的棕色氧化银沉淀刚好溶解为止,此即托伦试剂。

将此溶液平均分置于 4 支洁净试管中,分别加入 3～4 滴甲醛、乙醛、丙酮、苯甲醛,振荡均匀,静置后观察。如无变化,可在 40～50 ℃水浴中温热,若有银镜生成,则表明有机化合物分子中有醛基。

2.与斐林试剂反应

将斐林试剂A液和斐林试剂B液各4 mL加入大试管中,混合均匀,然后平均分装到4支小试管中,分别加入10滴甲醛、乙醛、丙酮和苯甲醛。振荡均匀,置于沸水浴中,加热3~5 min,观察颜色变化及有无红色沉淀析出。

四、注意事项

(1)进行碘仿反应时应注意,碘试剂样品不能过多,否则生成的碘仿可能会溶于醛酮中。另外,滴加氢氧化钠溶液时也不能过量,加到溶液呈淡黄色(有微量的碘存在)即可。

(2)进行银镜反应时应将试管洗涤干净,加入碱液时不要过量,否则会影响实验效果。实验完毕,立即用稀硝酸洗涤银镜。

(3)饱和亚硫酸氢钠溶液必须使用新配制的。

五、思考题

(1)哪些试剂可用于醛和酮的鉴别?

(2)进行银镜反应时,应注意什么问题?

任务20.3　糖的性质

一、实验目的

(1)熟悉糖的主要性质。

(2)学会区别不同类型的糖的性质差异。

二、主要仪器及试剂

(1)仪器:试管、试管夹、水浴锅、酒精灯、白瓷点滴板、滴管、玻璃棒。

(2)试剂:浓盐酸、浓硝酸、浓硫酸、冰醋酸、氢氧化钠、硝酸银、硫酸铜、酒石酸甲酸、葡萄糖溶液、果糖溶液、蔗糖溶液、麦芽糖溶液、淀粉溶液、碘试剂、活性炭。

三、实验步骤

(一)糖的还原性

(1)与斐林试剂的反应。取4支洁净试管,各加入0.5 mL斐林试剂A液和斐林试剂B液,混合均匀后置于水浴上加热,分别加入5%的葡萄糖、果糖、蔗糖、麦芽糖溶液各5~6滴,振荡，加热，注意观察溶液的颜色变化和有无沉淀析出。

(2)与托伦试剂的反应。取 4 支洁净试管，各加入 1 mL 托伦试剂，再分别加入 0.5 mL 5%的葡萄糖、果糖、蔗糖、麦芽糖溶液，混合均匀后置于 60～80 ℃的热水浴中温热，观察有无银镜生成。

(二)淀粉的性质

(1)碘-淀粉实验。取一支试管，加入 2 mL 水和 5 滴 2%淀粉溶液，然后加入 1 滴 0.1%碘液，观察现象。将试管放入沸水浴中加热，有何变化？冷却后又发生什么变化？

(2)淀粉水解。取一支试管，加入 1 mL 2%淀粉溶液，再加 3 滴浓盐酸，在沸水浴中或水蒸气浴中加热至 100 ℃，保持 10 min，冷却后，逐滴加入 10%氢氧化钠溶液，中和至红色石蕊试纸刚变蓝，然后做斐林实验，并与未经水解的 2%淀粉溶液进行的斐林实验作比较。

(三)纤维素的性质

(1)纤维素水解。取一支试管，加入 2 mL 65%的硫酸，再加入少许脱脂棉，用玻璃棒搅拌至脱脂棉全溶，形成无色黏稠液。取 1 mL 倒入盛有 5 mL 水的另一试管中，观察有何现象。将剩余的黏稠液置于热水浴中加热至亮黄色，然后取出试管，冷却后倒入盛有 5 mL 水的另一试管中，观察结果。将上述两支原盛有 5 mL 水的试管中的试液分别用 30%氢氧化钠溶液中和至红色石蕊试纸刚变蓝，分别做斐林实验，观察结果。

(2)生成纤维素硝酸酯。取一支大试管，加入 2 mL 浓硝酸，边摇动边慢慢滴加 4 mL 浓硫酸，用玻璃棒将一小团脱脂棉(约 0.2 g)浸入热混酸中，将试管置于 60～70 ℃水浴中加热，同时不断搅拌。5 min 后，用玻璃棒取出脱脂棉，放在烧杯中，用水充分洗涤，以除去酸性。将水尽量挤出，并用滤纸吸干，最后将脱脂棉疏松地放在表面皿上，在沸水浴上干燥，即得浅黄色纤维素硝酸酯。

用镊子夹取少许干燥的纤维素硝酸酯，用火点燃，观察其燃烧情况并与脱脂棉的燃烧情况作比较。

四、注意事项

(1)淀粉与碘作用主要是靠范德华力和吸附作用形成一种络合物，显蓝色，加热时蓝色消失，冷却后又复显色，是一个可逆过程。

(2)由于纤维素的游离羟基与硫酸形成酸式硫酸酯，故纤维素溶于硫酸。纤维素经硫酸部分水解的产物也溶于浓硫酸，但不溶于水且无还原性，因此当用水稀释酸溶液时即有沉淀析出。当在酸中加热后，纤维素水解生成二糖和单糖而溶于水并具还原性。

(3)实验刚生成的纤维素二硝酸酯没有爆炸性，但如果延长反应时间，温度又较高，则纤维素二硝酸酯可生成纤维素三硝酸酯，具有爆炸性。因此，该实验要控制水浴温度和反应时间。

五、思考题

(1)何谓还原性糖？用什么方法来鉴别还原性糖和非还原性糖？

(2)碘在实验中主要起什么作用？

参考文献

[1] 仲继燕，吴旭，林丽. 药用有机化学[M]. 重庆：重庆大学出版社，2021.

[2] 初玉霞. 有机化学[M]. 3 版. 北京：化学工业出版社，2012.

[3] 孙洪涛. 有机化学[M]. 北京：化学工业出版社，2013.

[4] 荣国斌. 大学有机化学基础：上册[M]. 2 版. 上海：华东理工大学出版社，2006.

[5] 邢其毅，裴伟伟，徐瑞秋，等. 基础有机化学：上册[M]. 4 版. 北京：北京大学出版社，2016.

[6] 邢其毅，裴伟伟，徐瑞秋，等. 基础有机化学：下册[M]. 4 版. 北京：北京大学出版社，2016.

[7] 李贵深，李宗澧. 有机化学[M]. 2 版. 北京：中国农业出版社，2008.

[8] 陆涛. 有机化学[M]. 北京：人民卫生出版社，2016.

[9] 秦川，荣国斌. 大学基础有机化学习题精析[M]. 北京：化学工业出版社，2016.

[10] 高职高专化学教材编写组. 有机化学实验[M]. 北京：高等教育出版社，2008.

[11] 郭建民. 有机化学[M]. 北京：科学出版社，2015.

习题参考答案